养殖致富攻略·一线专家答疑丛书

猪病防控关键技术有问必答

付利芝　曹国文　主编

中国农业出版社

图书在版编目（CIP）数据

猪病防控关键技术有问必答/付利芝，曹国文主编.—北京：中国农业出版社，2017.1（2022.10 重印）
（养殖致富攻略·一线专家答疑丛书）
ISBN 978-7-109-22004-1

Ⅰ.①猪…　Ⅱ.①付…　②曹…　Ⅲ.①猪病-防治-问题解答　Ⅳ.①S858.28-44

中国版本图书馆 CIP 数据核字（2016）第 191027 号

中国农业出版社出版
（北京市朝阳区麦子店街 18 号楼）
（邮政编码 100125）
责任编辑　武旭峰

三河市国英印务有限公司印刷　　新华书店北京发行所发行
2017 年 1 月第 1 版　　2022 年 10 月河北第 15 次印刷

开本：880mm×1230mm　1/32　　印张：6.25
字数：175 千字
定价：25.00 元

编写人员

主　编　付利芝　曹国文

副主编　张素辉　付文贵

　　　　朱买勋　丁玉春

编　者　付利芝　曹国文

　　　　张素辉　翟少钦

　　　　周淑兰　郑　华

　　　　徐登峰　丁玉春

　　　　付文贵　李成洪

　　　　许国洋　朱买勋

　　　　王孝友　杨　睿

　　　　张邑帆　李成君

　　　　游斌杰　周　雪

　　　　沈克飞　杨　柳

　　　　杨金龙　邱进杰

　　　　王可甜　刘雪芹

　　　　张成平　王　涛

　　　　陈德娜　郑　群

本书有关用药的声明

随着兽医科学研究的发展、临床经验的积累及知识的不断更新，治疗方法及用药也必须或有必要做相应的调整。建议读者在使用每一种药物之前，参阅厂家提供的产品说明书以确认推荐的药物用量、用药方法、所需用药的时间及禁忌等，并遵守用药安全注意事项。执业兽医有责任根据经验和对患病动物的了解决定用药量及选择最佳治疗方案。出版社和作者对动物治疗中所发生的损失或损害，不承担任何责任。

中国农业出版社

前　言

自20世纪80年代以来，我国养猪业取得了迅猛发展，猪的年存栏数和年出栏数及年产肉量呈逐年增长的趋势，多年来生猪出栏量保持在6亿头以上，市场规模在5 000亿元以上，猪肉产量占到世界产量的一半，养殖模式也由农户养猪逐步向集约化和规模化转型。随着养殖数量的增加和养殖规模的扩大，养猪业面临着猪病的极度困扰，呼吸道疾病、消化道疾病和繁殖障碍性疾病一直威胁着养猪业的发展，成为养猪户（场）获取效益的最大障碍。随着国际贸易的不断加深，我国目前尚未发生的一些传染病可能会随之侵入，更需加强防范。

猪病的种类很多，包括传染病、寄生虫病、内科病、外科病、产科病、营养代谢病及中毒性疾病，而危害最严重的是传染病，它往往是大批发生，发病率和死亡率很高，严重影响养猪业的发展，造成巨大的经济损失。

本书针对猪病发生、临床表现、临床诊断、防治措施、用药知识以及综合防疫技术等方面的常见问题，以专家答疑的形式进行了阐述，注重针对性、实用性和可操作性，力求文字简洁、通俗易懂、便于操作。可作为广大养猪户、养猪场职工、基层兽医技术人员和畜牧兽医大专院校学生的工具书和参考书。

因编著者水平有限，书中如有不妥之处，敬请广大读者批评指正。

编　者

2016年6月

目　录

第一章　猪病防控基本常识

1. 猪舍选址和建筑与疾病发生有什么关系？

猪场的场址对猪群的健康至关重要。猪场建设时如果选择的场址环境条件不适宜，对猪的健康就会带来负面影响。

（1）选择猪场场址

①环境中空气不能存在有害气体（如氟化物、氮氧化物、二氧化硫、各种农药气体等）；在这样的环境中，猪群易发生呼吸道疾病。

②场址的土壤和水源中不能含有病原微生物、寄生虫（卵）、矿物性毒物、腐败产物等，因为猪群在这样的环境中易发生疾病。

③土壤和水源中也不能含有超标的某些微量元素（铅、汞、砷、有机农药、氰化物等），因为这些超标的微量元素易导致猪群发生慢性蓄积性中毒病。

④猪场环境也不能建在低洼处或河道、池塘边，因为潮湿的环境会引起猪只发生皮肤病和肢蹄病。

⑤不能把猪场建在公路边或居民点等公共场所中间，由于路上的粉尘飞扬，猪极易遭到病原物、噪声等有害因素的侵袭。

⑥不能将猪场场址选在有污染的工矿企业周边或有污染的废弃厂矿里，这样给猪的健康带来潜在的危害。

（2）猪舍建筑

①公猪舍应建在猪场的上风区，既与母猪舍相邻，又要保持适当的距离。哺乳母猪舍、妊娠母猪舍、育成猪舍、后备猪舍要建在距离猪场大门口稍近一些的地方，以便于运输。

②猪舍密度不能过大。猪舍密度大，易造成环境污染及猪群间相互感染。猪舍之间的距离至少8米以上，每栋猪舍之间最好要有隔离带（种植果树、林木等）。

③母猪舍、公猪舍、肥猪舍要根据各自的特点和使用要求建造，不能建一个模式。母猪舍需要有保育间，公猪舍墙壁需要坚固和一定的高度。

④猪舍要利于通风降温。养10头育肥猪的猪舍，后墙需留60～70厘米的窗户4个、两边留50～70厘米窗户2个；猪舍内的空间不能过低，过低不利于通风和降温。

⑤猪舍要有粪尿排泄管道。采用干湿分离处理粪尿，猪舍内污水沟应有足够的坡度，以利于污水顺利流出舍内，不能让污水在场内绕圈，猪舍外必须要有化粪池或沼气池。

2. 猪舍的环境卫生与疾病的发生有什么关系？

（1）良好的环境卫生是控制猪病的关键

①环境卫生良好可减少病原微生物的存在。

②猪舍内的粪便、污水在猪舍内腐败分解会产生大量的有毒有害气体：如二氧化碳、氨、硫化氢和尘埃等。猪长时间生活在这种环境中，能引起呼吸道炎症，发生呼吸道疾病：如猪气喘病、传染性胸膜肺炎、猪肺疫等。

③污浊的空气还会引起猪的应激综合征，表现出食欲不振、母猪泌乳减少、整个猪群狂躁不安或昏昏欲睡、咬尾、嚼耳等现象。

④粪便、污水和尘埃中有大量的有机微生物存在，条件一旦适合，就会引起猪群发病。

（2）控制猪场环境卫生的措施

①保持猪舍的清洁和卫生，不允许猪舍长时间堆积粪便，不允许有垃圾和蜘蛛网的存在。

②母猪及其仔猪搬离分娩舍后，要立即清扫和消毒分娩舍。

③尽可能早地把猪的废弃物从猪舍里运走。

④销毁和深埋病猪的粪便和病猪使用过的废物，可用生物热消毒

法（发酵池或堆粪法）。猪粪堆积处应远离猪舍，并定期消毒（可用50%百毒杀1∶300兑水进行喷雾消毒）。污水可用沉淀法、过滤法或化学药品处理（每升污水加2.5克漂白粉）。

⑤猪舍里要控制鼠、猫、鸟和昆虫的活动。

⑥病死猪、死胎和胎衣的处理。严格处理病死猪、死胎、胎衣和废弃物，用密闭袋包装，经焚化或深埋处理。对病猪停留过的地方，清除粪便和污水、污物后，再用4%的氢氧化钠溶液进行彻底消毒；粪便、污物经专用道运出猪舍。无论什么时间，只要有可能，都要把分娩舍和保育舍空出1周，以切断疫病在哺乳猪和断奶猪之间循环传播。

⑦垃圾处理。生活垃圾放在指定的地点，定期焚烧或运输到专门的垃圾处理场进行处理。经常清除垃圾、杂物和杂草，并搞好猪舍周围的环境卫生。

3. 猪舍常用的消毒方法有哪些?

猪舍常用的消毒方法有：喷雾消毒、浸泡消毒、熏蒸消毒、紫外线照射消毒、喷洒消毒、火焰消毒等。

(1) 喷雾消毒　用一定浓度的次氯酸盐、有机碘混合物、过氧乙酸、新洁尔灭等进行喷雾消毒，主要用于猪舍清洗完毕后消毒、带猪消毒、猪场的道路和周围、进入场区的车辆消毒等。

(2) 浸泡消毒　用一定浓度的新洁尔灭、有机碘混合物或煤酚的水溶液进行洗手、洗工作服或胶鞋、浸泡器具等。

(3) 熏蒸消毒　每立方米用福尔马林（40%甲醛溶液）42毫升、高锰酸钾21克，在21℃以上温度、70%以上相对湿度，封闭熏蒸24小时；甲醛熏蒸消毒，不能带猪进行。

(4) 紫外线消毒　主要用于猪场入口、更衣室的消毒。

(5) 喷洒消毒　在猪舍周围、入口、产床等下面撒石灰乳或烧碱，可杀灭病原微生物。

(6) 火焰消毒　使用较少，用酒精、汽油、柴油、液化气喷灯在猪栏、猪床、猪只经常接触的地方进行消毒。

4. 猪舍环境消毒有哪些程序？

（1）猪场的消毒程序

①入场消毒：入口处设置消毒池，消毒池内的消毒液2～3天更换一次；入场人员必须更换鞋，踩踏消毒液，经紫外线消毒或喷雾消毒后才能进入猪场。入场人员还应采用新洁尔灭溶液进行洗手消毒。

②车辆消毒：任何车辆不得进入生产区；场外来的运猪车辆须用过氧化氢、过氧乙酸、二氯异氰尿酸钠等消毒药全面喷洒消毒。

③生产区消毒：从外进入生产区的人员，必须经消毒更衣室消毒，经过淋浴、更衣、换鞋后，方可进入猪场；不同猪舍的饲养人员不准串舍和在饲养时间聚集，各车间用具不得外借和交叉使用。技术员需检查猪群情况时，必须穿经消毒的工作服、戴帽、换鞋，检查应该从健康猪群到病猪，从小猪到大猪，同时进入不同猪舍时应重新进行消毒。

（2）消毒注意事项

①消毒前首先要清扫、浸泡，刷洗除去表面附着物，然后按规定配制消毒液进行消毒。在无疫病发生的情况下，每个月对全场周围环境进行2次以上大消毒，定期消灭蚊蝇，严格执行停药期的规定。

②舍内温度、消毒时间、药物浓度、喷洒量对消毒效果均有影响。猪舍温度一般在10～30℃，温度越高，消毒效果越好。一般消毒药物的作用时间不少于0.5小时。

③预防消毒时，采用药品使用说明书中介绍的中等浓度，患病期消毒采用高等浓度。

④针对不同消毒对象，每平方米需要喷洒稀释后的消毒药量为：圈栏40～60毫升，木质建筑150～250毫升，砖质建筑250～350毫升，混凝土建筑350～450毫升，黏土建筑60～120毫升，土地和运动场200～300毫升。

⑤轮换使用消毒药，不要长期使用同一种药，以免病原微生物产生抗药性。

⑥禁用无生产厂家、无生产日期、无规格说明的“三无”消

毒剂。

5. 猪场常用的消毒药物有哪些？怎么使用？

猪场常用的几种消毒药与使用方法如下：

（1）过氧化物类消毒药

①过氧乙酸：过氧乙酸又叫醋酸，具有很强的广谱杀菌作用，能有效杀死细菌繁殖体、结核杆菌、真菌、病毒、芽孢和其他微生物。实际应用：配成0.1%～0.2%浓度用于厩舍内外环境、用具及带猪消毒。注意带猪消毒时，不要直接对着猪头部喷雾，防止伤害猪的眼睛。

②高锰酸钾：又称锰酸钾或灰锰氧，是一种强氧化剂的消毒药，它能氧化微生物体内的活性基，而将微生物杀死。实际应用：常配成0.1%～0.2%浓度，用于猪的皮肤、黏膜消毒，主要用于临产前母猪乳头、会阴以及产科局部消毒。

（2）氯化物类消毒剂　氯消毒剂的杀菌谱广，能有效杀死细菌、结核杆菌、真菌、病毒、阿米巴包囊和藻类等微生物，作用迅速，其残氯对人和动物无害。但对金属用品有强腐蚀性，高浓度对皮肤黏膜有一定刺激性。

①漂白粉：属于氯消毒剂的次氯酸钙的产品，杀菌谱广，作用强，但不持久。主要用于厩舍、畜栏、饲槽、车辆等消毒。实际应用：用5%～10%混悬液喷洒，也可以用干粉末撒布，用0.03%～0.15%作为饮水清毒。

②次氯酸钠：次氯酸钠是液体氯消毒剂，是一种有效、快速、杀菌力特强的消毒剂。目前广泛用于饮水、污水处理及环境消毒。实际应用：畜禽水质消毒，常用维持量0.002%～0.004%有效氯。用于猪舍内外环境消毒，常用0.01%有效氯的氯消毒剂溶液。带猪喷雾消毒用0.005%浓度氯溶液。

③菌毒王消毒剂：菌毒王是一种含二氧化氯的二元复配型消毒剂。消毒剂与活化剂等量混合活化后，可释放出游离的二氧化氯。二氧化氯具有很强的氧化作用，能使微生物蛋白质中的氨基酸氧化分

解。因此，它能杀灭各种细菌、霉菌、病毒和藻类等微生物。又由于具有安全、高效、广谱等特点，目前广泛应用于畜禽场、饲喂用具、饮水、环境等方面消毒。实际应用：畜禽水质消毒常用0.005%，环境消毒用0.2%，饲喂用具消毒用0.7%。

④强力消毒王：是一种新型复方含氯消毒剂。主要成分为二氯异氰尿酸钠，并加入阴性离子表面活性剂等。本品有效氯含量为20%，消毒杀菌力强，易溶于水，正常使用对人、畜无害，对皮肤、黏膜无刺激，无腐蚀性，并具有防霉、去污、除臭的效果，且性能稳定、持久耐贮存；可带畜、禽喷雾消毒；对各种病毒、细菌和霉菌以及畜禽寄生虫虫卵均有较好的杀灭作用。实际应用：根据消毒范围及对象，参考使用说明书规定比例称取一定量的药品，先用少量水溶解成悬浊液，再加水逐步稀释到规定比例。

（3）碘类消毒剂　碘是广谱消毒剂，它对细菌、结核杆菌、芽孢、真菌和病毒等都有快速杀灭的作用。碘溶于乙醇中成碘酊，常用于皮肤的消毒。它的水溶液适合于黏膜消毒。

①碘酊（碘酒）：它是一种温和的碘消毒剂溶液，一般配成2%浓度，此种浓度不致灼伤皮肤。实际应用：将2%碘酊涂在皮肤上，为免疫、注射部位及外科手术部位皮肤以及各种创伤或感染的皮肤或黏膜消毒。

②碘伏：能增强碘在水中的溶解度，由于它易溶于水，其浓度比游离碘高10倍以上。碘伏对黏膜和皮肤无刺激性，也不致引起碘的过敏反应。杀菌能力与碘酊相似，除有消毒作用外，还有清洁作用，而毒性极低。对碳钢、铜和银，以及其他金属均无腐蚀性。实际应用：临床上常用1%浓度的碘伏，用于注射部位、手术部位的皮肤、黏膜以及创伤口，感染部位的消毒。也可以用于临产前母猪乳头、会阴部位的清洗消毒。

③特效碘消毒液：特效碘消毒液为复方络合碘溶液，具有广谱、长效、无毒、无异味、无刺激、无腐蚀、无公害等特点。能杀灭致病的葡萄球菌、化脓性链球菌、炭疽杆菌、破伤风杆菌、巴氏杆菌、大肠杆菌、绿脓杆菌、沙门氏菌、肺炎双球菌等，并且还能杀灭甲型、乙型肝炎病毒，副黏病毒，痘病毒等。实际应用：畜禽舍喷雾消毒，

常用0.3%特效碘消毒剂做40～80倍的稀释后使用。

（4）洗必泰　洗必泰是一种毒性、腐蚀性和刺激性都较低的安全消毒剂，抑菌能力非常强，尤其对大肠杆菌、伤寒杆菌、绿脓杆菌、金黄色葡萄球菌、炭疽杆菌都有很高的抑制作用。浓度微量的洗必泰也有很强的抑菌作用，并在皮肤上维持较长时间。目前国内生产的剂型主要有双醋酸洗必泰和双盐酸洗必泰两种。实际应用：主要用于外科手术前人员手臂和皮肤、黏膜部位消毒，浓度可以用0.5%洗必泰。另外，用0.1%～0.2%洗必泰水溶液，可以用于临产前猪擦洗胸腹下、乳头、后臀部、会阴等部位的消毒。0.1%的浓度也可以用于产房带猪消毒。

（5）季铵盐类消毒剂　季铵盐又称阳性离子表面活性剂，它主要用于无生命物品或皮肤消毒。季铵盐化合物的优点：毒性极低，安全、无味、无刺激性，在水中易溶解，对金属、织物、橡胶和塑料等无腐蚀性。它的抑菌能力很强。但杀菌能力不太强，主要对革兰氏阳性菌抑菌作用好，阴性菌较差。它对芽孢、病毒及结核杆菌作用能力差，不能杀死。目前为了克服这方面的缺点，厂家又研制出复合型的双链季铵盐化合物，较传统季铵盐类消毒剂杀菌力强数倍。有的产品还结合杀菌力强的溴原子，使分子亲水性及亲脂性倍增，更增强了杀菌作用。

①新洁尔灭：在水、醇中易溶。本品温和，毒性低，无刺激性，不着色，不损坏消毒物品，使用安全，应用广泛。实际应用：临床时常配成0.1%浓度作为外科手术、器械以及人员手、臂的消毒。

②杜灭芬：也称消毒宁。本品因能扰乱细菌的新陈代谢，故产生抑菌、杀菌作用。实际应用：常配成0.02%～0.1%溶液用于皮肤、黏膜消毒及局部感染湿敷。

③瑞德士—203消毒杀菌剂：是由双链季铵盐和增效剂复配而成。本品具有低浓度、低温快速杀灭各种病毒、细菌、霉菌、真菌、虫卵、藻类、芽孢等各种畜禽致病微生物的作用。实际应用：平常预防消毒用40型号的本品，按1∶3 200～1∶4 800倍稀释进行猪舍内、外及环境的喷洒消毒。按1∶1 600～1∶3 200倍稀释作为疫场消毒。

④百菌灭消毒剂：百菌灭是复合型双链季铵盐化合物，并结合了

最强杀菌力的溴原子。能杀灭各种病毒、细菌和霉菌。实际应用：平常预防消毒取本品按1∶800～1∶1 200倍稀释做猪舍内喷雾消毒。按1∶800倍稀释可用于疫场内、外环境消毒。按1∶3 000～1∶5 000倍稀释，可长期或定期作为饮水系统消毒。

⑤畜禽安消毒剂：畜禽安是复合型第五代双单链季铵盐化合物。比传统季铵盐类消毒剂抗菌谱广、高效，能杀灭各种病、细菌和霉菌，并适用条件广泛，不受环境、水质、pH、光照、温度的影响。实际应用：平常预防消毒，常用浓度40%的畜禽安按1∶3 500～1∶6 000倍稀释，可用于猪舍的喷洒消毒，按1∶1 200～1∶3 000倍稀释，可用于疫场的环境和猪舍内喷洒消毒。

(6) 醇类 醇类可以使细菌蛋白质变性，干扰细菌的新陈代谢，正丙醇和特丁醇还有溶解某些大肠杆菌的作用。所以，它能迅速杀死各种细菌繁殖体和结核杆菌。但任何高浓度醇类都不能杀死芽孢，对病毒和真菌孢子效果也不敏感，需长时间才能有效。乙醇是醇类消毒剂的一种，是医学上最常用的消毒剂，无毒无害、无色、无味，用于皮肤易挥发，故临床上常用它进行注射部位皮肤消毒、脱碘，器械灭菌，体温计消毒等。实际应用：常配成70%～75%乙醇溶液用于注射部位皮肤、人员手指、注射针头及小件医疗器械等消毒。

(7) 来苏儿（皂化甲酚溶液） 是人工合成酚类的一种，它是由甲酚和肥皂混合液组成。它可以使微生物原浆蛋白质变性，沉淀而起杀菌或抑菌作用。它能杀死一般细菌，对芽孢无效，对病毒与真菌也无杀灭作用。实际应用：常配成1%～2%的浓度用于体表、手指和器械消毒。5%的皂化甲酚溶液用于猪舍污物消毒等。

(8) 菌毒敌消毒剂 是一种高效、广谱、无腐蚀的畜禽消毒剂。本品具有杀灭各种病毒、细菌和霉菌的作用，如口蹄疫病毒、水疱病毒、狂犬病毒、伪狂犬病毒、结核杆菌、巴氏杆菌、炭疽杆菌、猪丹毒杆菌、大肠杆菌、沙门氏菌等均有较好杀灭作用。实际应用：常规预防消毒按1∶300倍稀释，用于猪场内、外环境消毒。按1∶100倍稀释可用做特定传染病病源及运载车辆喷雾消毒。

(9) 甲醛溶液（福尔马林） 是一种杀菌力极强的消毒剂，它能有效地杀死各种微生物（包括芽孢），但它杀菌作用非常迟缓，

需要长时间才能杀死。实际应用：配成5%甲醛酒精溶液，可用于手术部位消毒；10%～30%甲醛溶液可用于治疗蹄叉腐烂；10%～20%福尔马林（相当于4%～8%甲醛溶液），可做喷雾、浸泡、熏蒸消毒。

（10）戊二醛溶液 是一种新型、高效、低毒的中性强化消毒液，可杀灭细菌繁殖体、细菌芽孢、肝炎病菌等病原微生物。临床上用于诊疗器械的消毒，对于耐热和耐湿的物品可首选压力蒸汽和干热灭菌，不耐热和耐湿的物品可选用环氧乙烷气体灭菌。如只能选择戊二醛灭菌，灭菌后的医疗器械必须用无菌蒸馏水（生理盐水可能有腐蚀性）漂洗干净。清洗后，必须干燥后方能浸入戊二醛溶液，以免造成对戊二醛的稀释。

（11）氢氧化钠（苛性钠，又叫烧碱） 氢氧化钠属于碱类消毒药，它能溶解蛋白质，破坏细菌的酶系统和菌体结构，对机体组织细胞有腐蚀作用，本品对细菌繁殖体、芽孢、病毒都有很强的杀灭作用，对寄生虫卵也有杀灭作用。实际应用：常配成2%热溶液用于病毒和细菌及弓形虫污染的猪舍、饲槽、车轮等消毒；5%溶液用于炭疽芽孢污染场地消毒；5%溶液用于腐蚀皮肤赘生物、新生角质等消毒。

（12）硼酸 是酸类消毒药的一种，只有抑菌作用，没有杀菌作用，但刺激性很小，不损伤组织。实际应用：常配成2%～4%的溶液，冲洗眼、口腔黏膜等；3%～5%溶液冲洗新鲜创伤。

6. 猪场选用消毒剂应遵循哪些原则？

选择消毒剂应遵循以下原则：

①在使用条件下，应是高效、低毒、无腐蚀性、无特殊味道和颜色，不对设备、物料、产品产生污染。

②在有效抗菌浓度时，易溶或混溶于水，与其他消毒剂无配伍禁忌。

③应轮换使用多种消毒药物，以避免产生抗药性。

④显示长效和稳定性，在温度变化和贮存过程中有良好的稳

定性。

⑤价格便宜。

7. 猪舍通风换气应当注意什么问题?

通风换气指促进猪舍内空气流通，增加猪舍内外空气交换，是控制和改善猪舍内环境的一个重要手段或措施。其主要目的是：排除猪舍内有害气体和多余的水分。在规模化、集约化猪场，多采用半封闭和封闭式猪舍养猪。在这种情况下，建造猪舍时应考虑猪舍的保温、隔热、通风和降温性能。

(1) 通风换气方法

①自然通风换气：该方法是不借助任何动力使猪舍内外的空气进行流通。为此，在建造猪舍时，应把猪场（舍）建在地势开阔、无风障、空气流通较好的地方；猪舍之间的距离不要太小，一般为猪舍屋檐高度的3～5倍；猪舍要有足够大的进风口和排风口，以利于形成穿堂风；猪舍应有天窗和地脚窗，有利于增加通风量。在炎热的夏季，夜深后将所有通风口开启直至第二天上午气温上升时再关闭所有通风口，停止自然通风。

②机械通风换气：机械通风是以风机为动力迫使空气流动的通风方式。

(2) 通风换气的效果

①在气温高的情况下，通过空气流动使猪感到舒适，以缓和高温对猪的不良影响。

②在猪舍密闭情况下，引进舍外新鲜空气，排除舍内污浊空气，以改善舍内空气环境质量。猪舍由于猪只密度大，猪舍容积小而密闭，通风换气在任何季节都是需要的。

(3) 注意事项

①在炎热夏季，尽量采用通风换气的降温方法，少用滴水、喷淋等用水较多的降温方法。

②对舍内水管和自动饮水器等要经常检修，防止跑、冒、滴、漏水，保持地面干燥；猪舍内的排污道要经常保持干净不存水，以减少

水分的蒸发。

③尽量保持猪舍地面的清洁，减少清扫次数。减少干粉料粉末的飞扬，加强舍内通风换气，保持舍内空气适宜的流动速度和空气新鲜。

④尽量减少产生有害气体的物质，加强舍内卫生管理，减少粪尿在舍内停留时间。

8. 猪舍温度与疾病发生有什么关系？

因为猪是恒温动物，对环境温度非常敏感，高温或低温均可引起疾病发生。具体表现在：

①天气寒冷，环境温度骤变时，猪群易发生感冒。

②高温高湿，易发生中暑。高温低湿，空气干燥，易使猪的皮肤和外露黏膜干裂，也易诱发患呼吸道疾病。

③温度变化对新生仔猪的影响最大，新生乳猪的组织器官和机能都尚处于未成熟状态；体温调节功能不健全，皮下脂肪层很薄；被毛稀少而短且无绒毛；这时如处于低温环境中体温散失较快，体温迅速降低，耳及四肢冰凉，往往诱发低血糖病，造成大批死亡。

（1）防暑降温的措施　种猪舍最适温度为：配种舍 12～15℃，妊娠舍 18℃，哺乳舍 18～22℃。

①种猪舍在夏季应有通风或喷淋降温设备，每天应进行淋浴或通风降温。通过滴水，地面、屋顶洒水，增加蒸发，降低环境温度。安装排风扇，增加通风量（但在 35℃以上时单纯通风无降温作用）。

②安装湿帘或空调（种公猪舍），湿帘的良好使用可保证降温达 5℃，种公猪舍可考虑安装空调，费用虽高一些，但效果较好。

③为减少辐射热，可在屋顶喷洒白石灰或安装屋顶反光板。

④场内多栽乔木，种植藤蔓类植物。

⑤在饲料中添加 0.4%～0.6%小苏打，能起到防暑降温作用。

（2）不同年龄猪只适宜温度范围　不同年龄猪只适宜温度范围如表 1-1 所示。

表 1-1　不同年龄猪只的适宜温度

生长阶段	体重（千克）	温度范围（℃）
妊娠母猪	—	15～24
泌乳母猪	—	15～21
仔猪（未断奶）	—	28～32
断奶仔猪	4～7	25～32
	7～25	21～27
生长猪	25～60	15～24
育成猪	60～100	14～21

9. 猪舍内有害气体有哪些？有什么危害？

猪舍特别是封闭式猪舍内，猪群的呼吸，粪尿的腐败、发酵分解，垫草和散落的饲料发霉变质等，都会产生有害气体。对猪有危害的气体主要有氨气、二氧化碳、甲烷及硫化氢等，这些气体对猪群的危害较大。

（1）氨气　无色，具有刺激性臭味的气体。畜舍中的氨气来自猪的粪尿、垫料、饲料残渣等含氮有机物的分解，其浓度高低与猪舍的卫生状况、饲养方式及通风条件等有关。因氨气易溶于水，猪吸入氨气时，首先附着于鼻、咽喉、气管、支气管等黏膜及眼结膜，引起疼痛、咳嗽、流泪、发生气管炎及结膜炎。猪暂时吸入氨气后，在体内能变为尿素，而排出体外，因此，氨气中毒能迅速缓解。所以猪一般为慢性中毒，不易被察觉，但能使猪体质变弱，采食量、日增重及生产力下降。高浓度可引起眼睛失明，肺部水肿，还能导致中枢神经的麻痹，造成猪只死亡。

（2）二氧化碳　猪舍内的二氧化碳，经长期积累，浓度过高时，会造成舍内缺氧，使猪精神不振，食欲减退，增重减慢。

（3）硫化氢　是一种无色，易挥发、带有臭鸡蛋气味的有毒气体。硫化氢是猪舍中粪便、饲料残渣、饲料等含有硫有机物厌氧分解的产物，当猪舍中硫化氢含量较高，可引起眼炎和呼吸道炎疾病，猪畏光流泪、咳嗽、咽部灼伤，发生鼻气管炎，甚至引起肺水肿；严重

时，可导致猪窒息或神经麻痹而亡。而因硫化氢中毒的猪康复后，对各种传染病和非传染性呼吸道疾病敏感。

（4）有害气体的上限　氨气不得超过每立方米15毫克，二氧化碳不超过0.15%～0.2%，硫化氢不超过每立方米10毫克。

（5）消除这些有害气体的主要措施

①设计猪舍需要有良好的除粪装置和排水系统，如猪舍地面和粪尿沟应有一定坡度，材料不渗水，使粪尿污水的排放流畅，用漏缝地板的猪舍，还应注意下粪坑（沟）设置。

②舍内的粪尿污水应及时消除，使其不能在舍内进行分解有机物。

③猪床上铺设垫料，可以吸收一定量的有害气体。但垫料应及时翻晒或更换。

④合理换气，将有害气体及时排出舍外。此外，冬季给幼畜生火取暖时，必须设置烟道，并保证烟道内通气良好，以防一氧化碳中毒。

10. 湿度与猪病发生有何关系？

（1）高湿度伴随高温对猪群的健康威胁大　湿度过大，对猪的饲料保存不利，容易造成饲料发生霉变或细菌污染。

（2）高温高湿的环境，病原微生物容易滋生和繁殖　随着气温升高及湿度加大，猪的许多病毒病、细菌性疾病、寄生虫病都容易发生和蔓延，特别是副猪嗜血杆菌的感染发病概率将大大增加。

（3）对猪体温调节的影响　猪舍内的湿度来源主要是：舍内的水、粪、尿的蒸发和外界环境空气中所含的水汽；当环境温度适宜的时候，湿度对猪体的体温调节无影响；但是，在低温和高温的情况下，高湿不利于猪群的体温调节，猪群容易挨冻和中暑。

11. 猪舍内气流对猪群的健康有何影响？

（1）气流大小影响猪体散热　在一般环境条件下，只要有气流存在，均可促进机体对流散热和蒸发散热。当环境温度低于猪的适宜温度下限时，就会加大猪体的散热量，而使猪感到寒冷；当环境温度高于猪适宜温度上限时，由于气流有助于猪体散热，且气流大时散热较多，因此增大风速可明显改善猪舍的温热环境，缓和热应激对猪的不良影响。

（2）气流温度影响猪体散热 除了气流速度外，气流的温度也是一个十分重要的因素，散热效果随气流的温度上升而下降。当气流温度等于猪皮肤温度时，对流散热的作用消失；当气流温度高于皮肤温度时，机体通过对流得热；低温而潮湿的气流，能显著增大散热量，猪更感寒冷，有可能引起冻伤、冻死。气流总是和温度、湿度一起协同作用于猪只，使冷、热应激的程度得以缓和或加剧。

（3）气流与其他热环境因素共同对猪体温调节的影响 在气温低于皮温的情况下，气流可促进对流散热，在其他任何温度下，气流均可促进蒸发散热。因此，低温时气流对体温调节不利，而高温时气流有利于体温平衡，但在气温高于皮温（特别是相对湿度较大时）的情况下，高风速对机体有不利的趋势。通风可以排除舍内水汽及二氧化碳、氨气、硫化氢等有害气体，保障舍内干燥和改善空气卫生状况。所以，猪舍在任何季节都需通风，特别是冬季，往往为防寒而关闭门窗，造成舍内潮湿和空气卫生状况恶化，必须注意适当通风。在冬季通风和保温是一对矛盾，有条件的企业可以在满足温度供应的情况下，根据猪舍的湿度要求控制通风量；为了降低成本，应该在保证猪舍环境温度基本得以满足的情况下采取通风措施，要防止贼风侵入，危害猪群健康。

12. 猪舍防疫设施有哪些要求？

一个标准化猪场必须有一整套功能完整的卫生防疫设施，包括治疗设施和消毒设施等，便于及时地预防和处理疾病。

（1）隔离带 整个猪场外用高灌木林设立一个隔离带，既可以防止大风对猪场的影响，也可以防止病原随风进入猪场，又起到绿化场地的作用。

（2）废物处理设施 建设粪污处理场和尸体处理设施，用于猪场粪便和病死猪尸体的无害化处理。

（3）防疫设施 设立一个位置相对独立且位于猪场下风向的兽医室，购进常规的兽医器具和药品。对猪场的一些突发疾病进行治疗或控制、进行常规的预防接种，监控整个猪场的疾病，确保猪场无疫情。

（4）消毒设施 猪场设计时，生活区和生产区是相对分离的，生活区到生产区的入口处必须设立消毒房和车辆消毒池，消毒房内安装紫外线灯或淋浴消毒室，汽车消毒池里应长期存放消毒液，对进出车辆进行严格的消毒处理。防止外来病原传播到场内，引起猪发病。

①入场大门、生产区内务车间门口均应设有消毒池，消毒液统一使用3%的苛性钠溶液，并要保证浓度和液量，由专人进行更换，隔日换1次。

②场区大门要设有消毒房、更衣室和洗澡间，消毒通道设有紫外线灯管，进场人员经15分钟照射后方可进入。场内要备有高压消毒枪、高温火焰消毒等消毒器具。

③在每栋猪舍的入口设立小型消毒池，防止猪舍间的疾病和细菌相互传播。

13. 平时预防猪传染病的措施有哪些?

平时预防猪传染病的措施主要包括：

（1）对可能存在病原体的外环境加强管理 搞好圈舍消毒并保持圈舍、场地和用具的卫生。经常清扫圈舍，定期对圈舍、场地进行消毒，防止疾病传播。发现生猪生病，不但要立即隔离治疗，还必须对猪舍用强力消毒灵或新王消毒剂等消毒药对猪舍进行彻底消毒。

（2）抓好计划免疫，保护易感猪群 要定期给生猪注射猪口蹄疫、猪瘟、猪肺疫、猪丹毒、仔猪副伤寒等疫苗。

（3）重要病原监测 通过对重点猪群定期检测（如对怀孕母猪、种公猪、后备母猪等的定期检测），及时发现重大病原的感染情况。

（4）饲养管理 坚持自繁自养，搞好饲养管理，增强个体的抗病能力。不喂发霉变质饲料，不饮污水和冰冻水，使猪膘肥体壮，提高个体的抗病能力。

（5）污物的处理 对猪舍内清理，特别是对死亡猪只尸体、粪便、垃圾、污物等环境污染物作好有效处理，有组织地开展消毒、杀虫、灭鼠工作。

（6）驱虫 要定期用驱虫药给猪驱虫，尤其饲喂生饲料的猪只，同时要加强饲养管理，提高猪对疾病的抵抗力。

14. 扑灭猪传染病的措施有哪些？

一旦发生猪传染病时，为了扑灭疫病的流行，必须立即查明和消灭传染来源，切断传播途径和提高猪只对传染病的抵抗力，采取综合性防制措施。主要采取的措施有：

（1）查明和消灭传染源 发生传染病时，兽医应将疫情（包括可疑疫情）立即向上级有关部门报告。报告的内容包括：群别、猪龄、发病时间、地点、发病及死亡头数、临诊症状、病理剖检变化、初步诊断及其防治情况等。必要时通知邻近乡、村及有关养猪场，以便采取预防措施。

（2）检疫、隔离 发生传染病的猪场或自然村的全部猪只要进行检疫。检疫的方法有测温、观察症状、血清学及变态反应等。对检出的病猪要采取隔离、治疗或扑杀措施，如是猪口蹄疫时要按照国家的规定一律扑杀，其尸体进行焚烧、深埋或化制销毁。对疑似的病猪应隔离，加强观察，按国家的规定办法处理。彻底作好消毒工作；对健康的猪只，可根据情况用免疫血清或疫苗进行紧急预防注射；如发生猪瘟时，用猪瘟兔化弱毒疫苗对未发病的猪只进行紧急预防注射和作好消毒工作。

（3）封锁疫区 根据我国动物防疫法的规定，对流行剧烈和传播迅速的传染病，如炭疽、口蹄疫、猪水疱病、猪瘟等，报请当地政府划定疫区，进行封锁。根据我国防制动物传染病划区封锁的经验，应按“早、快、严、小”的原则进行。“早”就是早期发现，“快”是快隔离、快封锁，“严”是严格执行各种防疫措施，“小”是把疫区控制在最小的范围内。要严格按照我国颁发的《中华人民共和国动物防疫法》规定的实施细则执行有关封锁措施。在最后一头病猪痊愈或死亡处理后，再经一定时间（该病的潜伏期）不再出现新的病例，报请上级部门批准，经过彻底清扫消毒后，由当地政府宣布解除封锁。

（4）彻底消毒　对被污染的圈舍、饲养管理用具及养猪环境等，都要进行彻底的清扫和消毒。可以根据不同的传染病选用消毒药物。

（5）对易感猪群的措施　加强对猪只的饲养管理，增强猪群抗病能力；每年定期搞好猪只的预防接种工作，如猪瘟兔化弱毒疫苗、猪肺疫菌苗、猪丹毒菌苗、猪大肠杆菌（黄痢）疫苗等的预防接种。

15. 控制猪场疾病的主要措施有哪些?

能否控制疾病，是猪场养殖成败的关键。专业化猪场控制主要传染病，在现阶段应采取的主要措施简介如下。

（1）疫苗接种　病毒性疾病必须靠疫苗保护，如猪瘟、伪狂犬病、细小病毒病、流行性乙型脑炎、口蹄疫等。

①免疫程序要科学，例如，蓝耳病病毒对猪瘟免疫应答干扰严重，所以一般先免猪瘟，隔7～10天再免蓝耳病。育肥猪免疫规程可如下安排：21日龄首免猪瘟，42日龄二免猪瘟，均用4头份。28日龄首免支原体，50日龄二免。蓝耳病35日龄首免，60日龄二免。口蹄疫42日龄首免，国产高效苗每头2毫升；70日龄二免，国产高效苗每头3毫升；出栏前10个月（高发季节）再免一次，高效苗每头4毫升。链球菌28日龄首免，60日龄二免。

②因免疫抑制病的普遍存在，所以免疫时最好配合应用转移因子和黄芪多糖。

③接种后3天内影响采食量，故断奶后1周不可安排疫苗注射。

④一些疫苗保护率低，特别是细菌苗，因血清型多，构造复杂，所以，免疫后还有发病可能。

（2）饲料中添加药物　猪场可从4个阶段切断疾病传播：

①后备母猪配种前7天，料中加清瘟败毒散饲喂。

②母猪产前、产后7天料中加康复灵。

③断奶后仔猪料中加7天清瘟败毒散。

④保育舍换料时加7天双菌泰。初生仔猪3日、7日、21日龄各注射一次保健针赛米先，以防支原体和萎缩性鼻炎的早期感染；诱食料中可加氟利来，以防腹泻和支原体。

（3）改善猪群的饲养管理模式

①建立全进全出饲养方式：在同期发情、同期配种、同期产仔的基础上，实现全出，圈舍全空，彻底消毒后再进猪，一次进齐。

②多点式生产体系：把过去的一条龙流水式生产猪场，改建成间隔一定距离的几个猪场，即建一个繁殖场（配种舍、妊娠舍、产仔舍），一个保育场，一个育肥场。单元式生产系统：在产房、妊娠舍、保育舍、育肥舍，按生产规模再分隔成几个各自独立的单元，每个单元都有独立的排污、供水、采暖、通风降温系统。

③早期断奶：即14日龄仔猪断奶，以防止母猪将疾病传给子猪。

④有条件者可采用多点式生产体系，单元式生产系统，全进全出式生产方式，早期断奶综合饲养技术。

（4）建隔离舍 购入的种猪要进行10周的隔离观察、检疫，确认健康时再与本场猪合群。无条件者最少要建隔离栏。

（5）改善饲料营养，饲料配方要科学 如在母猪料中添加充足的维生素A、维生素D、维生素E、维生素B_{12}，以保证胚胎的发育；妊娠期母猪料中能量不可高，否则可引起母猪过肥，子宫周围脂肪沉积过多，导致子宫壁血循环障碍，导致胎儿死亡。

（6）驱虫程序

①后备母猪2月龄驱虫1次，上产床前15天驱虫1次，以后每胎上产床前15天均驱虫1次。

②青年公猪参加配种前驱虫1次，以后每年驱虫2次。

③育肥猪在2月龄和4月龄各驱虫一次。

（7）驱虫用药物

①阿维菌素（或伊维菌素）：猪内服每千克体重0.3毫克，一般用药2次，间隔1周。0.2%阿维菌素预混剂，每吨饲料中加1千克，连用7～10天。

②丙硫苯咪唑（阿苯达唑）广谱，对吸虫、绦虫、线虫有驱杀作用，与阿维菌素有协同作用，内服剂量为每千克体重6～8毫克。注意：妊娠母猪忌用，因为容易致畸和引起流产。

（8）消毒

①空栏大消毒。每批次全出后，按单元或区域进行2次大消毒，间隔7天。

②日常消毒。夏天每日消毒，冬天每周消毒2～3次，疫情严重时每日消毒2次。

③妊娠母猪转栏后进行大消毒。

④母猪入产房时，体表喷雾消毒。消毒药物有复合酚类（克辽林、来苏儿）、醛类（如福尔马林、戊二醛）、有机氯类（氯胺、漂白粉、碘伏）、氧化剂（过氧乙酸、高锰酸钾）、季铵盐类（新洁尔灭、洗必泰）等，可临床选用。

⑤杀虫、灭鼠：环丙氨嗪是最常用的杀灭蝇蛆药，每千克饲料中加5毫克，连用6周。

16. 猪的注射方法有哪几种？怎样操作？

给猪注射通常采用的有：肌内注射、皮下注射、静脉注射、腹腔注射等几种方式。

（1）肌内注射　由于肌肉内血管丰富，注入的药液吸收较快，另外，由于肌肉内感觉神经分布较少，所以引起的疼痛较轻，因此肌内注射是最常用的注射方法。注射部位一般选择在肌肉丰满的臀部或颈部。注射时先剪毛消毒，右手持注射器，将针头垂直地刺入注射部位内，刺入深度可根据猪只的大小，及注射部位的肌肉状况而定，一般情况下是在3厘米左右。抽动注射器的活塞未发现有回血，即可注入药液。但因为臀部有坐骨神经，如果注射位置找不好，打在坐骨神经上，就会导致猪瘫痪。猪病治疗一般以颈部稍下方为宜。因为此处肌肉属疏松结缔组织，容易使药物消散在毛细血管中。

（2）皮下注射　将药液注射到皮肤与肌肉之间的疏松组织中，注射部位一般选择在皮薄而容易移动，但活动较小的部位，如大腿内侧，耳根后方。注射时先将注射部位消毒，用左手拇指、食指、中指提起皮肤，使成一个三角皱褶，右手在皱褶中央将注射器针头斜向刺入皮下，与皮肤呈 45°角，放开左手推动注射器，注入药液。

（3）静脉注射 将药液直接注射到血管内，使药液迅速发生效果的一种治疗技术。主要用于抢救危重病猪，一般选耳背部，耳大静脉。做静脉注射时先用酒精棉球涂擦耳朵背面耳大静脉，使静脉怒张，助手用手指强压耳基部静脉使血管鼓起。注射人员左手抓住猪耳，右手将抽好药液的玻璃注射器接上针头，以10°～15°的角度刺入血管，抽动活塞，如见回血，则表示针头在血管内，此时，助手放松耳根部压力，注射者用左手固定针头，右手拇指推动活塞徐徐注入药液，药液推完后，左手拿酒精棉球紧压针孔处，右手迅速拔针，以免发生血肿。

（4）腹腔注射 将药液注射到腹腔内，从而达到治疗目的。小猪常采用这种方法。注射部位，大猪在腹肋部，小猪在耻骨前缘之下3～5 厘米中线侧方。注射方法：大猪多采用侧卧保定，用左手稍微捏起腹部皮肤，将针头向与腹壁垂直的方向刺入，刺透腹膜后即可注射。给小猪实施腹腔注射可由饲养员将猪两后肢倒提起来，用两腿轻轻夹住猪的前躯保定，使肠管下移，注射人员面对猪的腹部。在耻骨前缘下方与腹壁垂直地刺入针头，刺透腹膜即可注射。注射时不宜过深或偏于前方，以免损伤内脏器官。也不可过于偏于后方，以免损伤充满尿液的膀胱。

17. 给猪注射时应注意什么？

给猪注射应注意以下几点：

（1）正确选用针头 一般病猪注射宜选用 12 号的长针头，因为长针头注射比较深，药液能充分进入到肌肉组织中去。如果采用小针头，注射浅则药液吸收利用不好，而且还容易从针眼中流出。

（2）保定好猪 给猪注射时，一定要保定好猪，至少有另外一个人帮助固定猪头部，以免注射时猪乱动，折弯或折断注射针头。

（3）注射速度要慢 在有人按住猪头的情况下，要慢慢注射，

徐徐推药，使药液在肌肉组织中逐渐扩散。有人习惯将注射针头扎到注射部位后很快地推药液，这样会使药液只集中在局部，需要很长时间才能消散吸收，从而影响药效的及时发挥。

（4）注射前消毒　注射前要对注射部位用酒精或碘酊棉球消毒。消毒时应将消毒棉球从里向外擦拭消毒部位。注射完毕后再用消毒棉球按住针眼1～2分钟，可使药液在肌肉中更好地扩散，不至于溢出，从而提高药效和治疗效果。

18. 猪有多少种投药方法？怎样给猪喂药？

（1）口腔投药法　这种方法简单易行，适用于不同生长阶段的病猪，但剂量大或不溶于水的药物不宜采用此法投喂。首先，捉住病猪两耳，使其站立保定，然后用木棒或开口器撬开猪嘴，将药片、药丸或其他药剂放置于猪舌根背面，再倒入少量清水，将猪嘴闭上，即可将药物咽下。

（2）经鼻投药法　使病猪站立或横卧保定，要求其鼻孔向上，嘴巴紧闭，把药物溶解于30～50毫升水中，然后利用胶皮球将药水慢慢滴入病猪鼻孔内。这种方法仅适于投喂可溶性药物。

（3）胃管投药法　若给病猪投喂大量药物，适用此法。将猪站立或横卧保定，使其头部固定，然后用开口器将猪嘴撬开，把胃管从舌面迅速通过舌根部插入食管中，当确定胃管插入位置无误时，即可注入事先溶解好的药物。灌完药后再向胃管内打入少量气体，使胃管内药物排空，最后迅速拔出胃管。三种判断胃管是否正确插入食道的方法是：将压瘪的胶皮球连在胃管外口上，如果胶皮球仍然保持原状而不鼓起，将胶皮球充气向胃管打气而畅通无阻，证明胃管已进入食道或胃内；将胃管外口浸在水中，如果随病猪呼吸胃管外口喷出气泡，证明胃管插入了气管，如果胃管外口无气泡喷出，则证明胃管插入了食管；如果胃管插入了气管，则猪不叫或叫声低弱，如果胃管插入了食管，猪叫声不变。

（4）直肠投药法　猪采用站立或侧卧保定，并将猪尾拉向一侧。投药者一只手提举盛有药液的灌肠器或吊桶，另一只手将连接于灌肠器或吊桶上的胶管涂布润滑油缓慢插入直肠内，然后抽压灌肠器或举高吊桶，使药液自行流入直肠内。可根据猪个体的大小确定灌肠所用药液的量，一般每次200～500毫升。

（5）子宫投药法 猪采用站立保定，将猪尾拉向一侧。投药者将连接于盛有药液的塑料胶管涂布润滑油缓慢插入子宫内，缓慢轻挤盛有药液的塑料瓶，使药液自行流入子宫内，方法与输精方式相似，每次给药可根据猪个体的大小确定所用药液的量。

（6）体表涂搽法 是将药物制成洗剂或酊剂、油剂、软膏等剂型，涂搽于患处的一种外治法，这种方法主要针对皮肤病。

（7）喷雾给药 这种方法主要针对呼吸道疾病。可使药物吸收快，瞬间直接到达作用部位，吸收率高、药效迅速（30分钟见效）。因为药物直接到达肺脏等病变部位而发挥作用，可避免药物对胃肠道的不良刺激，避免肝、胃肠道对药物的代谢降解作用。另外由于肺泡面积大，且有丰富的毛细血管，故可使药物迅速被吸收，使药物生物利用度接近100%。

19. 猪有哪些保定方法？怎样保定猪？

为了给猪采血、诊断、去势或治疗，必须进行适当的保定，根据猪体大小和保定目的不同，可分别采取以下几种方法。

（1）猪群圈舍保定法 用于肌内注射，把猪群轰赶到圈舍的角落里，关紧圈门，并由1～2人轰着猪不让散群，趁猪群拥挤在一起的时候，兽医人员慢慢接近猪群，并瞅准机会迅速进行注射，注射部位多选择耳后或臀部肌肉丰满处，且选用金属注射器为好。

（2）站立保定法 用于保定仔猪，双手将仔猪两耳抓住，并将其头向上提举，再用两腿夹住猪的背腰，便可进行诊治。

（3）提举后肢保定法 用于保定仔猪。将仔猪两后腿捉住，并向上提举。使猪倒立，同时用两腿将猪夹住，便可进行诊治。

（4）横卧保定法 适用于保定中猪，一人抓住猪的一只后腿，另一人抓住猪的耳朵，两人同时向一侧用力将猪放倒，并适当按住颈及后躯，加以控制，即可进行诊治。

(5) 木棒保定法 适用于大猪和性情凶狠的猪，用一根1.6～1.7米的长的木棒，末端系一根35～40厘米长的麻绳，再用麻绳的另一端在近木棒末端15厘米处，做成一个固定大小的套，将套套在猪上颌骨犬齿的后方，随后将木棒向猪头背后方转动，收紧套绳，即可将猪保定。

(6) 鼻绳保定法 适用于大猪和性情凶猛的猪保定，用一条2米长的麻绳，在一端做成直径为15～18厘米的活结绳套，从口腔套在猪的上颌骨犬齿后方，将另一端拴在柱子上或用人拉住，拉紧活套使猪头提举起来，即可进行灌药、打针等。无论猪体多大，用此法固定时保定效果都较好。

20. 规模化养猪场应建立哪些卫生防疫措施?

不同区域采用的卫生防疫措施有所不同。

(1) 生产区

①该区是整个猪场的核心区，包括各种类别的猪舍、饲料加工调制间、饲料仓库、人工授精室等。应经常在脱污、消毒、除虫、免疫措施的保护下，保证场内猪群不受污染侵害的“生物环境清净区”。因此，卫生要求比较严格。

②凡进入本区的人员、饲料、运输车辆、猪种均分别经过检疫、消毒。

③猪舍内各工段和隔离舍，应严格做到人员、用具、畜群固定，生产区的一切用具（只进不出）仅限于在场内使用，直到废弃为止。

④在配种、妊娠、分娩、保育、生长、育成等各专用猪舍门口设置消毒池，内贮消毒液，并经常保持有效浓度，供往来人员出入消毒。每一专用舍在清出旧猪群后，应彻底消毒，间歇几天后，方可接受新猪群。

(2) 外部管理供应区 本区与社会往来密切，有经营管理、物资供应和产品输出三大功能，包括办公室、宿舍、仓库、饲料工厂、车房及生产区外的其他设施，因病原及其他不良因素常进入此区。因此，管理区和生产区之间应设置屏障，有各自封闭的间隔，严格控制进入生产区的通道，防止无关人员由管理区进入生产区。

（3）兽医隔离区 猪场规模较大的，尤其是集约化、规模化猪场可设专门的兽医隔离区，包括兽医室、隔离舍、尸体处理室等。这些建筑均应设在下风向及地势较低的地方，远离健康猪舍，以免疫病传播。

（4）严格消毒 建立严格的卫生消毒制度，采用机械清扫、冲洗和使用各种化学消毒药物相配合的方法对大门、生产区、猪舍和用具、猪体进行消毒。

（5）严格检疫

①引进种猪的检疫：对种猪进行检疫和挑选，可委托当地兽医卫生机构对种猪进行口蹄疫、猪瘟、猪传染性水疱病、猪伪狂犬病、猪钩端螺旋体病、猪喘气病、猪萎缩性鼻炎和猪布鲁氏菌病的检疫。

②本场猪只的检疫：定期对本场内猪只进行传染病和粪便寄生虫卵的检查。对检验出的病猪或阳性猪，应按不同情况及时妥善处理。

（6）死猪尸体及粪污处理

①死猪尸体的处理，专用容器集中转至尸体处理处，高温或毁尸坑处理。

②粪污的处理，粪污采用干稀分离，分离后的污水入污水处理池净化处理后排放出去，粪渣运到农区经堆肥发酵后使用。

（7）预防接种 根据当地传染病的流行情况、疫（菌）苗的使用效果及本地实际，制订实用的免疫接种计划和程序，按时进行预防接种；为防止某种疫病在饲料中添加抗菌药等的防疫措施，也必须列入规章制度。

21. 猪场防疫工作的主要内容有哪些？

（1）杜绝外来疫源侵袭，具体做好

①谢绝猪贩、屠工进场选猪。

②严格饲料送货车、饲料包装袋和车辆的消毒工作。

③提高员工的防疫意识，做到进出场自觉消毒，严禁收治场外病猪，场内严禁饲养其他动物。

④确需引种时，必须充分了解种猪场的防疫情况，引入种猪要隔

离饲养1个月以上，确信无病方可进场。

⑤饲喂饭店泔水须煮沸消毒。

(2) 严格消毒措施　消毒工作必须做到常规化、制度化、规范化。

①选择杀菌谱广、有效浓度低、作用速度快、易溶于水、性质稳定、不易受有机物酸碱等理化因素的影响、对人畜无害的消毒药。

②应按不同消毒目的和消毒对象选用适宜的消毒药，如对某些烈性传染病可选用烧碱、高氯制剂、过氧乙酸；消毒池可用农福、烧碱，要求高效长效；带猪消毒、饮水消毒可用杀菌灵、百毒杀、酸碱消毒药要交替使用。

③规范消毒制度，要求每周2次全场预防性消毒，猪出栏后彻底消毒。

(3) 合理的免疫程序　防疫是规模化猪场兽医工作的重中之重，而免疫接种又是规模化猪场综合性防疫体系中极为重要的一个环节，是构筑养猪业安全体系的重要措施之一。制订免疫程序时应考虑下列因素：

①母源抗体水平。

②猪的健康状况及当前抗体水平。

③疫病的发病季节和易感日龄，周边疫情和本场疫情史等。

④疫苗的保护期。

⑤疫苗可能有的不良反应。

(4) 免疫接种过程中要注意的问题

①按疫苗要求应冰冻或冷藏保存，以确保疫苗质量。

②严禁使用过期、变质和失真空的疫苗。

③炎热季节稀释疫苗时应注意疫苗和稀释液的温差不宜过大。

④保证注射质量，严格按操作规程规范操作。

⑤注射细菌弱毒活疫苗期间饲料中停止添加抗生素。规模猪场的兽医防疫工作是一项复杂的系统工程，除做好上述工作外，还有诸如药物净化、隔离式早期断奶、规范的兽医实验室诊断等措施，坚持“预防为主，防重于治”的方针，只有采取综合预防措施，才能收到预期的防疫效果。

22. 猪场的卫生管理包括哪几方面?

(1) 引进新种猪 控制母猪产次分布，8胎以上母猪及时更新，另外每年应更新约30%的母猪，以维持各年龄母猪之适当比例。避免大量集中更新母猪，以免诱发早发性大肠杆菌症。引进新种猪时，应选自疾病少的种猪场，来源越少越好。引进猪只后须执行3～4周隔离检疫，同时进行驱虫及免疫工作。新母猪进场经过隔离检疫后，再与其他老母猪混养一段时间，培养其对场内病原的免疫力。

(2) 配种及怀孕母猪 在选做种猪而尚未配种前先进行猪瘟、伪狂犬病及日本脑炎的免疫。母猪怀孕90天时进行体内及体外之寄生虫驱除工作。母猪于配种后应关入窄栏，避免因混群饲养发生打架而造成流产。怀孕猪舍内保持干净凉爽，避免日光长时间照射猪体造成胚胎死亡。猪舍地面，水槽及料槽保持清洁，粪便勤于清理。母猪拒食、体温升高时应立即隔离、治疗。母猪进入分娩舍前须彻底以肥皂清洗及消毒，以减少分娩舍仔猪疾病。母猪乳头须清洁并消毒，若有伤口应以抗生素软膏治疗。

(3) 分娩期母猪卫生管理 分娩前两日应减少饲料喂量，多供清洁饮水。分娩前，分娩栏架及猪体的乳房及阴户部位要洗净及消毒。初娩当天可不给予饲料，分娩后第2至第4天仅喂3～3.5千克饲料，第5天以后加至5千克。产后如发生乳房炎、子宫炎，必须立刻以抗生素治疗以避免缺乳。生产后必须确定仔猪是否已全部生完，胎衣是否完全排出，必要时注射催产素及人工助产。母猪的饲料量必须根据哺乳仔猪头数及母猪肥瘦程度而定，特别是新母猪（第1胎）必须有足够喂料量。母猪在离乳后群养以刺激发情，此时可稍增加饲料喂量以增加排卵数。同胎仔猪死亡（产后数天内）太多时，不可以并窝而提早离乳，以免造成母猪繁殖障碍。

(4) 哺乳仔猪的卫生管理 仔猪的保温、防寒、防风极为重要。分娩栏在空出时必须彻底清洗并同时消毒。仔猪出生后剪去犬齿并以碘酒消毒脐带，断尾时可用电剪做无流血断尾。初生仔猪务必使其吃到初乳，以获得母源抗体提供保护。出生2～3天内根据每胎仔猪头

数及仔猪体型进行寄养工作。仔猪出生一周时开始进行教槽，每次少量饲料，每天 2～3 次。仔猪 3 周时公猪加以去势，以棉花蘸消毒水将阴囊洗净再以灭菌过的刀片做手术。仔猪出生 1～3 天内注射铁剂 100 毫克以避免贫血发生。仔猪下痢时可给予乳酸菌（轻度时），或以仅大霉素新霉素口服（下痢较严重时）加以控制。早发性大肠杆菌症或传染性胃肠炎发生时，可采用发病仔猪的肠管搅碎喂给怀孕母猪（怀孕 100 日龄以内），使新生仔猪经由摄食初乳获得母源抗体得到免疫力；但是该方法必须经过兽医师确诊没有其他病原污染才可使用。离乳时，较弱小仔猪加以集中饲养，添加营养剂以加速生长。

（5）保育猪的卫生管理　保育舍的猪进出应坚持全进全出的原则。移入保育舍时，先行公母分开再根据大小相当者配为同栏。仔猪 6 周时对健康猪进行猪丹毒及猪瘟疫苗免疫，注射猪瘟疫苗并同时加挂政府核发的猪瘟耳标。进养仔猪后每周应清洗消毒 2～3 次。发病猪要隔离治疗、特别照顾；连续治疗 3～4 天无明显效果者即刻予以淘汰扑杀。天气寒冷时避免冲洗猪舍猪只，以免仔猪受寒生病。此阶段猪只必须注意猪繁殖与呼吸道综合征病毒引起的肺炎，沙氏杆菌引发的肠炎、败血症，以及链球菌引起的多发性浆膜炎、脑膜炎及关节炎。猪只移出保育舍后，空栏必须彻底清洗消毒，如曾经发生过下痢，应用火焰消毒床面。根据各场之需要进行放线杆菌胸膜肺炎、伪狂犬病或其他疾病的免疫工作。

（6）肉猪肥育前期及后期卫生管理　肥育舍的猪也应坚持全进全出的原则。移入猪只，先行公母分开并大小相同者配为同栏。每周消毒 2～3 次。夏季注意通风及冲凉以促进生长，天冷时必须注意防寒（仍需注意适当通风）以预防肺炎。此阶段猪只肺炎较多，可在饲料或饮水中添加药物或使用疫苗免疫来控制疫情。

（7）种公猪的卫生管理　种公猪须个别饲养，栏墙加高防止跳出，注意通风凉爽并需设有运动场。公猪舍地面须平整以维护蹄部健康。配合母猪的驱虫及免疫，定期对公猪驱虫及免疫。精液须定期检查，配种频度、记录要确实，避免过度使用。驱赶或搬运公猪时要小心，以免碰伤睾丸。自然配种时必须选择体型相近者，体型过大的公猪可以人工授精方式加以利用。

23. 猪场进出门口的消毒措施有哪些?

为了减少工作人员和参观人员以及车辆等将携带的病原微生物带进猪场，猪场大门及猪舍进出口的卫生消毒要采取如下措施：

（1）消毒池 在猪场的大门口及每栋猪舍的出入口设消毒池，以便进出人员和车辆消毒，池内用麻袋或草帘制成消毒垫，倒入3%烧碱溶液或10%～20%的石灰乳作消毒液，消毒踏入时间不少于20秒。池内的消毒液每周更换1～2次，保持消毒池内消毒药液的有效性。

（2）配置喷雾消毒装置 猪场应配有高压喷雾机械，对来往车辆的车身、车底盘、轮胎进行细致、彻底的喷洒消毒。

（3）配置专用工作服、帽、胶鞋，设洗手池 工作人员进入生产区按下列程序操作：更换工作衣、鞋、帽→用消毒皂或0.1%新洁尔灭溶液洗手消毒→通过脚踏消毒池（20秒以上）→进入生产区操作。

24. 猪自繁自养有哪些好处？应掌握哪些环节?

（1）有利于防止疫病传播 每个猪场猪只都有可能患有一定的疾病，养殖户购猪，并不是固定在某一个场，而是从四面八方进猪，难免把外来疫病引入自家猪场，导致疫病发生，甚至流行。

（2）有利于规避市场猪价过高因素 市场价格往往影响养殖户的发展规模和速度。若实行自繁自养，无论市场猪价高低都要饲养。

（3）有利于提高效益 购猪需要的运费、时间、人力，这三笔费用开支很大的，增加了猪场成本，不利于提高养猪效益。如果自繁自养就不存在这些开支。

（4）自繁自养需要掌握的环节

①环境要求：《畜牧法》明确规定养殖场不得建在水源保护区、风景名胜区、自然保护区的核心区和缓冲区、居民生活区，以及法律法规规定的其他禁养区。猪场要远离工矿区，因为噪声，混浊的空气

影响猪的健康生长。

②水质要符合卫生要求，每一个猪场在建场前必须先化验水质，这是建场的前提条件。检测指标中，砷、铅、汞、铬、镉重金属及氟化物、硝酸盐不得超标。

③病死猪的处理，先洒消毒药，后放尸体，再洒消毒药，放入处理坑中密盖。

④设隔离室。规模猪场要设病猪隔离室，一旦猪发病，可将病猪放入隔离室中治疗观察，待病愈后放回原猪舍。

⑤建立养殖档案按照有关规定，养殖场要建立养殖档案，载明以下的内容：畜禽的品种、数量、繁殖记录、饲料、饲料添加剂、兽药投入品的来源、名称、使用对象、时间和用量、免疫、消毒情况等。建立养殖档案的目的在于生产安全的畜产品，可溯源和积累养殖经验，不断提高养殖技术。

25. 免疫接种分为几类？其接种方法有几种？

免疫接种分为紧急接种和预防性接种，接种方法有肌内注射、皮下注射、皮内注射和口服免疫，猪常用的是肌内注射。

（1）疫苗的接种途径与方法

①肌内注射法，适用于接种弱毒或灭活疫苗。注射部位以取颈侧为宜。一般使用16～20号针头，长2.54～3.81厘米。

②皮下注射法，适用于接种弱毒及灭活苗，猪的皮下注射采用股内侧、肘后及耳根处。用大拇指及食指捏住皮肤，注射时确保针头插入皮下，为此进针后轻轻摆动针头，如感觉到针头摆动自如，推压注射器的推管，药液极易进入皮下，无阻力感。如插入皮内，摆动针头时带动皮肤，且推动药液时可感到有阻力。根据药液的浓度及畜禽的大小选择针头进行注射。家畜选择16～20号针头，长1.27～2.54厘米。

③皮内注射法，猪的接种部位在耳根后。一般使用带螺口的皮内注射器，0.63～1.27厘米长的螺旋针头（真空直径19～25号）。

④口服免疫法，数量较多的畜禽群逐头进行免疫，接种费时费

力，且不能于短时间内达到全群免疫。因此，将疫苗均匀地混于饲料或饮水中经口服后而获得免疫。口服免疫时应按畜禽头数和每头畜禽平均饮水量及采食量，准确计算疫苗剂量。

（2）预防接种 指在疫病未发生时，为了预防发生而采取的计划性免疫接种。在预防接种时，应根据疫苗的性质、种类和疾病的流行特点，不同猪群及体况不同而采取不同的接种途径（静脉、皮下、肌内注射，口服等）及剂量。

（3）紧急接种 指在疫病发生时（后），为了迅速控制和扑灭疫病的流行，对疫区（场、户）、受威胁区（场、户）的未发病猪群进行的一种免疫接种。

26. 如何制订种猪、商品猪的适宜免疫程序？

（1）制订免疫程序 必须根据疫病的流行情况及其规律、日龄、母源抗体水平和饲养条件，以及疫苗的种类、性质、免疫途径等方面的因素制订，不能作硬性统一规定。所制订的免疫程序还需根据具体情况随时做调整，制订免疫程序除上述条件外，还应考虑到猪的健康状况和饲养管理、环境条件的优劣，猪的免疫应答能力。如免疫器官是否遭到损害，饲料中添加的药物对某些疫苗的影响。此外，还要考虑疫苗的来源、质量和价格。

（2）制订免疫程序须考虑的因素

①后备猪：在配种前，免疫接种产生一些主要繁殖疾病的抗体，以减少繁殖病的发生。主要免疫蓝耳病、伪狂犬、细小病毒、猪瘟、乙脑和口蹄疫等。

②经产母猪：一般在怀孕后期接种常见病（非繁殖性疾病苗）的疫苗，可以提高初乳中的抗体，使乳猪在哺乳期不易发病，主要免疫大肠杆菌、链球菌、副猪嗜血杆菌、支原体、放线杆菌疫苗。

③空怀母猪：免疫繁殖性的疫苗，避免在怀孕期使用繁殖性疫苗引起严重后果。主要免疫蓝耳病、伪狂犬、猪瘟、细小病毒疫苗。

④公猪：所要免疫的疫苗，都安排在每年的 3～4 月份，10～11 月份进行，一年两次。主要免疫猪瘟、蓝耳病、口蹄疫、传染性胃肠

炎流行性腹泻二联苗、伪狂犬、乙型脑炎。母猪：主要免疫口蹄疫、传染性胃肠炎流行性腹泻二联苗、乙型脑炎。

⑤哺乳仔猪：主要免疫场“内外”常见病的苗，可以为断奶后抵抗疾病打下基础。主要免疫支原体、副猪嗜血杆菌、链球菌、放线杆菌、猪瘟、蓝耳病、口蹄疫疫苗。

⑥断奶仔猪：加强常见病的防控。主要免疫口蹄疫、蓝耳病、猪瘟、支原体、副猪嗜血杆菌、链球菌疫苗。

⑦季节：每年的3～4月份，10～11月份天气好，也是猪群体质最好的时候。免疫后，产生的抵抗力较高。

（3）疫苗使用应注意的问题

①同类型活苗或弱毒疫苗，不可以同时接种：如猪瘟和猪蓝耳病弱毒苗，链球菌活苗和副猪嗜血杆菌活苗，活苗之间可能互相干扰，降低抗体的产生。

②病猪、弱猪不能接种：病在潜伏期或隐性感染时，不要接种疫苗特别是活苗。

③非同类型的苗，可以同时免疫：如猪瘟和链球菌病，接种疫苗时，可以加一针转移因子，提高抗体的产生，特别是紧急接种时。

27. 猪传染性疾病有哪些特征？

凡是由病原微生物引起，具有一定的潜伏期和临诊表现，并具有传染性的疾病，称为传染病。传染病的表现虽然多种多样，但亦具有一些共同的特征。

（1）传染源　传染病是在一定环境条件下由病原微生物与机体相互作用所引起的，每一种传染病都有其特异的致病微生物存在。

（2）具有传染性和流行性　从患传染病的病猪体内排出的病原微生物，侵入另一种易感猪体内，能引起同样症状的疾病。像这样使疾病从病畜传染给健康猪的现象，就是传染病与非传染病相区别的一个重要特征。当一定的环境条件适宜时，在一定时间内，某一地区易感动物群中可能有许多动物被感染，致使传染病蔓延散播，形成流行。

（3）被感染的机体发生特异性反应　在传染发展过程中由于病原

微生物的抗原刺激作用，机体发生免疫生物学的改变，产生特异性抗体和变态反应等。

（4）耐过动物能获得特异性免疫 动物耐过传染病后，在大多数情况下均能产生特异性免疫，使机体在一定时期内或终生不再患该种传染病。

（5）具有特征性的临诊表现 大多数传染病都具有该种病特异性的综合症状和一定的潜伏期和病程经过。

28. 发生猪传染病的主要环节有哪些？

（1）传染源 传染源可以是猪，也可以是其他动物。病猪无疑是重要的传染源，但在大多数传染病中，显性感染（即出现症状的病猪）只占全部受感染猪的一小部分，隐性感染猪与病原携带猪在一些传染病中，会成为重要的传染源。

（2）传播途径 传播途径是指病原体离开传染源后，感染另一个易感猪的途径或方式。直接接触传播和通过空气、飞沫传播是呼吸道疾病的主要传播途径。此外，还有些传染病可以经水、饲料的消化道传播，经蚊、虫叮咬的虫媒传播，以及血液、精液传播等。

（3）易感猪群 猪群易感性即猪体对该传染病免疫力低下或缺乏，不能抵御某种病原体的入侵而染病。某种传染病的易感猪群占总体猪群的比例越高，则这种传染病越易于发生和传播，该病流行的可能性越大。

29. 猪传染病的治疗原则有哪些？

猪传染病的治疗原则有：

（1）治疗与预防相结合 一经确诊就应早期彻底治疗，有利于防止转为慢性，有助于消灭病原体控制传染病的流行。治疗本身也是控制传染源的重要预防措施之一。在治疗患猪的同时，必须做好隔离、消毒、疫情报告、接触者的检疫与流行病学的调查。

（2）病原治疗、支持与对症治疗相结合 消灭病原体、中和毒素

是最根本的有效治疗措施。支持与对症治疗是增强病原治疗提高治愈率，促使病猪早日恢复的重要措施，亦是实施病原治疗的基础，两者不可偏废其一。

（3）中西医治疗相结合　中兽医对传染病的治疗有丰富的经验，近几十年来可谓日新月异发展，中西医结合必然起着互为补充，促进疗效，甚至可能对某些单用西药不能解决的疾病，中药可表现出治疗结果。

30. 猪疫病的基本诊断方法有哪些？

猪疫病的基本诊断方法有临床诊断、流行病学诊断、病理学诊断、病原学诊断、免疫学诊断和分子生物学诊断等。

（1）临床诊断　是最基本的诊断方法。它是利用人的感官或借助一些简单的器械如体温计、听诊器等直接对病畜进行检查。有时也包括血、粪便的常规检验。在进行临床诊断时，应注意对整个发病猪群所表现的综合症状加以判断，不要单凭个别或少数病例的症状轻易下结论，以防止误诊。

（2）流行病学诊断　是针对患传染病的猪群体，经常与临床诊断联系在一起的一种诊断方法。一般应弄清下面有关问题。

①本次流行的情况：最初发病的时间、地点，随后蔓延的情况，目前的疫情分布。疫区内各种品种猪的数量和分别情况、发病猪的种类、年龄、性别。查清其感染率、发病率、病死率和死亡率。

②疫情来源的调查：本地过去曾否发生过类似的疫病？何时何地？流行情况如何？是否经过确诊？有无历史资料可查？何时采取过何种防止措施？效果如何？如本地未发生过，附近地区曾否发生？这次发病前，曾否由其他地方引种等？

③传播途径和方式的调查：本地各类猪只的饲养管理方法，猪只流动及防疫卫生情况如何？病死猪只处理情况如何？有哪些助长疫病传播蔓延的因素和控制疫病的经验？疫区的地理形势、气候、交通和节肢动物等的分布和活动情况，它们与疫病的发生和蔓延传播有无关系？

④该地区的政治、经济基本情况，饲养员生产和生活活动的基本情况，畜牧兽医机构和工作基本情况等。

（3）病理学诊断 患各种传染病而死的病猪尸体，多有一定的病理变化，可作为诊断的依据之一，如猪瘟、猪气喘病都有特征性的病理变化，常有很大的诊断价值。有的病猪，特别是最急性死亡的病例和早期屠宰的病例，有时特征性的病变尚未出现，因此进行病理剖检诊断时尽可能多检查几头，并选择症状较典型的病例进行剖检。有些疫病除肉眼检查外，还需作病理组织学检查。有些病还需检查特定的组织器官，如疑为狂犬病时要取脑海马回组织进行包含体检查。

（4）微生物学诊断 运用兽医微生物学的方法进行病原学检查是诊断猪传染病的重要方法之一。一般常用下列方法和步骤：

①病料的采集：正确采集病料是微生物学诊断的重要环节。病料力求新鲜，最好能在濒死时或死后数小时内采取，要求尽量减少杂菌污染，用具器皿尽可能严格消毒。通常可根据所怀疑病的类型和特性来决定采取哪些器官或组织的病料。原则上要求采取病原微生物含量多、病变明显的部位，同时易于保存和运送。如果缺乏临诊资料，剖检时又难于分析诊断可能属于何种病时，应比较全面地取材，同时要注意带病变的部位。

②病料涂片镜检：通常在有显著病变的不同组织器官和不同部位涂抹数片，进行染色镜检。

③分离培养和鉴定：用人工培养方法将病原体从病料中分离出来。细菌、真菌、螺旋体可选择适当的人工培养基，病毒可选用禽胚或各种动物组织培养等方法分离培养，分得病原体后，再进行形态学、培养特性、动物接种及免疫学试验等方法作出鉴定。

（5）动物接种试验 通常选择对该种传染病病原体最敏感的动物进行人工感染试验。将病料用适当的方法进行人工接种，然后根据对不同动物的致病力、症状和病理变化特点来帮助诊断。当试验动物死亡或经一定时间杀死后，观察体内变化，并采集病料进行涂片检查和分离。

（6）免疫学诊断 是传染病诊断和检疫中常用的重要方法，包括血清学试验和变态反应两类。

①血清学试验：利用抗原和抗体特异性结合的免疫学反应进行诊断。可以用已知抗原来测定被检动物血清中的特异性抗体，也可以用已知的抗体（免疫血清）来检测被检材料中的抗原。

②变态反应：动物患某些传染病时，可对该病病原体或其产物的再次进入产生强烈反应。

（7）分子生物学诊断　又称基因诊断，主要是针对不同病原微生物所具有的特异性核酸序列和结构进行测定。具有代表性的主要有三大类：核酸探针、PCR技术和DNA芯片技术。

31. 养猪户自己如何发现病猪？

经群体检查发现的可疑病猪，应进行系统的个体检查。

（1）首先观察精神外貌　姿态步样、鼻、眼、口、咽喉、被毛、皮肤、肛门、排泄物、饮食及体温等有无异常。健康猪精神活泼，皮毛光滑，呼吸平稳，食欲旺盛，喂食时，常有抢食现象，粪便呈节状，软软的，颜色较黑。如果猪精神不振，行动迟缓，呆头呆脑，离群独处，头下垂，背毛零乱或精神亢奋，狂躁不安，行动障碍，出现特殊的运动姿势，食欲下降甚至废绝，饮欲突然改变，粪便过稀或过硬等都是患病表现。体温的变化，是猪体对外来和内在病理刺激的一种对抗反应。因此，对病猪检测体温是不可缺少的诊断依据，尤其对传染病和某些寄生虫病来说，检测体温更为重要。体温的测定是测定直肠内温度。将体温计插入直肠约5分钟。猪的正常体温，仔猪为38～40℃，成年猪为38～39.5℃。

（2）系统检查　有目的地对病猪进行形态、结膜、淋巴结、皮肤等检查，再对循环、呼吸、消化、泌尿、生殖、神经等系统进行检查。

（3）观察临床症状　在实际生产中，由于病原体的毒力、猪体状况、侵入途径和环境影响等条件不同，同样的疾病，往往在不同猪体上出现不同的临床症状。在病的初期，一些不同的传染病、寄生虫病又常呈类似临床症状，特别是体温、脉搏、呼吸、食欲、精神等方面的变化。同时，也不是所有的传染病、寄生虫病的经过都具有特征性症状。比如有的传染病、寄生虫病表现为消瘦型，有的表现为顿挫型，有的则表现不典型，有的传染病、寄生虫病的经过表面上看不出症状。因此，当猪发生疫病时，如果仅根据临床诊断，有的疫病就难于确诊。必须进行综合诊断，或观察整个发病猪群所表现的临床症状，或采用辅助诊断方法，加以综合分析，切不可轻易地单凭一两个或几个病例即做出临床诊断。

32. 发生猪病时怎样采集和送检病料?

（1）准备器械 采集前应准备好经消毒的器械和容器。

（2）剖解取样 死因不明的动物尸体，在解剖前，必须做血液涂片，染色镜检，排除炭疽后方能解剖取样。

（3）病料的采取时间要求 须于动物死后6小时以内进行。

（4）防止采样污染 采样时必须做到无菌操作，并尽早送检。

（5）采样部位 为了提高病原微生物的阳性分离率，采取的病料要尽可能齐全，除了内脏、淋巴结和局部病变组织外，还应采取脑组织。

（6）病料保存 天气炎热或不能马上送检的用作细菌检验的材料，可用30%甘油缓冲盐水保存；作病毒检验的材料，可用50%甘油缓冲盐水保存，并做到低温保存传递。

（7）样品标示 盛装病料的容器在装病料后应加盖并用胶布或蜡密封，在容器外壁贴上标签，注明病料的名称、采取日期。

（8）记录要求 认真填写好病料送检单。送检单上应详细记录病料的来源、时间、地点、畜主、送检单位、发病动物的流行病学、症状、病理变化等情况。

（9）个人防护 在解剖采样过程中必须穿戴工作服和手套，注意个人卫生防护。

（10）防止环境污染 病料采集后要及时对尸体进行无害化处理，被污染的场地要进行彻底消毒。

第二章　常见临床症状的鉴别诊断

33. 哪些病易引起猪高热不退？

引起猪体温升高的疫病很多，但时下流行的只有几种。从临床症状上看，主要以发烧为主的病例占80%。通过彻底诊断，才能确诊。目前流行的基本上是以下几种疫病（表2-1）。

表2-1　引起猪只发热的主要疾病

病名	体温情况	主要病变	防治措施
猪瘟	40～42℃，持久不退	全身淋巴结肿大，周边出血，红白相杂呈大理石状。肾颜色变淡，表面有针尖大小出血点。脾肿大、出血，边缘有突出于表面的出血性梗死。慢性病例在大肠回盲部黏膜有纽扣状溃疡	本病无特效药物治疗，主要靠预防。①平时加强饲养管理，环境卫生消毒。②定期预防接种。③发生时，在猪瘟疫区或受威胁区应用大剂量猪瘟疫苗10～15头剂/头，进行紧急预防接种。④发生猪瘟时，应迅速对病猪进行隔离，带猪消毒，同时对病猪进行对症治疗
猪流感	40～41.5℃，可达42℃	病变主要集中在呼吸器官。鼻、喉、气管和支气管黏膜充血，表面有大量泡沫状黏液，有时杂有血液。肺病变部呈紫红色如鲜牛肉状	本病治疗尚无特效药。①发烧时用解热镇痛药，肌内注射30%安乃近3～5毫升。②控制继发感染，应用抗生素或磺胺类药物，可防止继发感染。③内服中药，方剂：金银花、连翘、黄芩、柴胡、牛蒡、陈皮、甘草各10～15克水煎内服
伪狂犬病	41～42℃	腹膜充血，间有小出血点，腹膜水肿。肾肿大，有散在出血点，耳尖发绀	制定猪伪狂犬病疫苗科学免疫程序，进行科学预防注射，提高全群的免疫水平及抵抗力，确保猪群健康安全

（续）

病名	体温情况	主要病变	防治措施
猪链球菌病	41～43℃	败血症，病猪表现全身各器官充血、出血，并有化脓性症状。脑膜充血、出血，血管突起，有化脓性病灶	保持猪舍清洁干燥，定期消毒，治疗用青霉素，每千克体重5万～8万单位，每天2次，连用3天
副猪嗜血杆菌病	40.5～42℃	胸膜炎明显，关节炎次之，腹膜炎和脑膜炎相对少一些。以浆液性、纤维素性渗出为炎症特征。肺可有间质水肿、粘连；心包积液、粗糙、增厚；腹腔积液，肝脾肿大，与腹腔粘连	严格消毒：用2%氢氧化钠水溶液喷洒猪圈地面和墙壁，2小时后用清水冲净，再用百毒杀等消毒药喷雾消毒，连续喷雾消毒4～5天。加强饲养管理：对全群猪用电解质加维生素C粉饮水5～7天，以增强机体抵抗力，减少应激反应。治疗：隔离病猪，用大剂量的抗生素进行治疗，口服抗生素进行全群性药物预防。①硫酸卡那霉素注射液，肌内注射，每次20毫克/千克，每晚肌内注射1次，连用5～7天。②大群猪口服土霉素粉30毫克/千克，每天1次，连用5～7天。③大多数血清型的副猪嗜血杆菌对头孢菌素、氟甲砜霉素、庆大霉素、壮观霉素、磺胺及喹诺酮类等药物敏感。免疫：用自家苗（最好是能分离到该菌，增殖、灭活后加入该苗中）、副猪嗜血杆菌多价灭活苗能取得较好效果
猪传染性胸膜肺炎	42℃或更高	病猪的胸膜表面有白色纤维素性物附着，胸腔积液，肺充血、出血	免疫接种：疫苗是控制猪胸膜肺炎放线杆菌感染的有效手段。药物预防：猪胸膜肺炎放线杆菌对头孢塞夫、替米考星、氟甲砜霉素、先锋霉素、环丙沙星、单诺沙星、恩诺沙星、四环素、庆大霉素、卡那霉素等较敏感。金霉素与泰乐菌素的联合用药在临床上使用也较多
猪肺疫	41～42℃	主要是融合性支气管肺炎，肺尖叶、心叶、中间叶和膈叶前缘呈“肉样”或“虾肉样”实变	①加强饲养管理，提高猪的抵抗力。定期注射疫苗。②硫酸卡那霉素，每千克体重5万单位肌内注射，或5%百菌消肌内注射。③饲料加长效土霉素，连用3～5天

（续）

病名	体温情况	主要病变	防治措施
猪弓形虫病	40～42℃	肝略肿，有坏死点和出血点，肾皮质小点出血，膀胱有少数出血点。肠回盲部有淋巴滤泡肿胀。肺水肿，淋巴结肿胀，胸、腹腔有黄色积液	症状较重的病猪，用磺胺-6-甲氧嘧啶，按每千克体重0.07克，磺胺嘧啶接每千克体重0.07克，10%葡萄糖100～500毫升，混合后可静脉注射。症状较轻的猪，磺胺-6-甲氧嘧啶，按每千克体重0.07克，一次肌内注射。治疗时，磺胺药物首次加倍，每天2次，连用3～5天即可康复

34. 哪些传染性疾病易引起母猪发生流产、死胎？

引起母猪发生流产和死胎的传染病，主要见表2-2所示。

表2-2　引起母猪发生流产、死胎的主要传染病

感染病原	病　名	母猪症状	胎儿发病年龄	胎儿的症状
钩端螺旋体	钩端螺旋体病	轻度厌食、发热、腹泻和流产	妊娠中后期	死胎和弱仔
寄生虫	刚地弓形虫	无	没有胎儿月龄限制，任何阶段均可发生	流产、死胎、弱仔
细菌	布鲁氏菌病	少见症状，妊娠的任何阶段都可能发生流产	没有胎儿月龄限制，任何阶段均可发生	可能自溶或外观正常，皮下水肿、腹腔积液或出血、胎盘出现化脓性炎症
	其他细菌：大肠杆菌、化脓棒状杆菌、金黄色葡萄球菌、巴氏杆菌、链球菌、猪丹毒杆菌、沙门氏菌等	一般无临床症状	没有胎儿月龄限制，任何阶段均可发生	比较正常，或稍有自溶，有水肿；胎盘出现化脓性炎症

（续）

感染病因	病　名	母猪症状	胎儿发病年龄	胎儿的症状
病毒	猪细小病毒病	无临床症状	胎儿常死在不同发育阶段	胎儿被母体吸收，木乃伊胎、死胎或弱仔
	日本乙型脑炎	无临床症状	胎儿常死在不同发育阶段	与细小病毒病相似，有脑积水、皮下水肿、胸腔积液和点状出血、腹水
	伪狂犬病	轻到严重，打喷嚏、咳嗽、厌食、便秘、流口水、呕吐、神经症状	胎儿常死在不同发育阶段	肝脏上有局部坏死灶、木乃伊胎、死胎、胎儿被母体吸收
	猪流感	母猪极度衰弱、嗜睡、呼吸无力、咳嗽	胎儿常死在不同发育阶段	胎儿被母体重吸收、木乃伊胎、死胎、弱仔
	猪繁殖与呼吸综合征	体温升高、精神沉郁、嗜睡、厌食	传统毒株引起妊娠后期胎儿病变；毒力较强的变异毒株引起任何阶段的胎儿感染	流产、产死胎、木乃伊胎、弱仔
	猪瘟	厌食、便秘、体温升高、呕吐、呼吸困难、发绀、腹泻、共济失调	胎儿各个阶段都会感染	木乃伊胎、死胎、水肿、腹水、头和四肢畸形、肺点状出血、肝坏死
	牛病毒性腹泻病毒病	无症状	胎儿各个阶段都会感染	无变化
	肠病毒、腺病毒、呼肠孤病毒、巨细胞病毒等感染	一般无症状	胎儿各个阶段都会感染	胎儿被母体吸收、木乃伊胎、死胎、弱仔

35. 哪些病易引起母猪不发情、不孕？

猪场在生产实际中经常会遇到长期不发情、发情延迟或发情不明显的问题，特别是饲养管理水平较差的一些猪场年淘汰母猪中约有20%左右是因为此种原因而被淘汰，给养猪生产者造成了很大的经济损失。引起母猪不发情和不孕的主要病因见表 2-3 所示。

表 2-3 引起母猪不发情、不孕的疾病

病因	病名	症状	治疗措施
病理原因	子宫内膜炎	母猪表现发情不正常或者发情正常但不易受孕，即使妊娠也易发生流产	①急性子宫内膜炎：选择 10%的生理盐水、0.1%的高锰酸钾、0.02%的新洁尔灭等溶液反复冲洗。②慢性子宫内膜炎：可用 20 万～40 万国际单位青霉素加 100 万单位链霉素注入子宫。③全身疗法：青霉素 160 万～200 万国际单位加链霉素 100 万单位或金霉素、土霉素每千克体重 40 毫克，肌内注射，每天 2 次，连用 1 周
	卵巢囊肿	母猪不发情	若为黄体素分泌不足时，可注射 HCG（绒毛膜促性腺激素）2 000～5 000单位
	持久黄体	胎儿长时间地停留在母猪子宫内，不能正常分娩出来，母猪不发情不怀孕，胎儿死亡、干尸化	注射前列腺素 10 毫升，黄体很快消失，约 24 小时可把异物排出
	持续发情	母猪不孕	肌内注射 HCG（绒毛膜促性腺激素）500 单位
饲养管理不当	饲料配制不当	维生素和微量元素缺乏引起的母猪不孕，表现发情不正常，或发情不明显，甚至不发情，从而造成母猪的不孕	多喂青绿饲料、胡萝卜素等富含维生素 A 原的饲料。在饲料中按说明添加复合多维和微量元素，一般可满足母猪的营养需要。严重缺乏维生素 A 的病猪，可用精制鱼肝油 50～70 毫升分点皮下注射，维生素 A 注射液 2.5 万～5 万单位，肌内注射每天 1 次，连用 5～10 天

（续）

病因	病　名	症　状	治疗措施
饲养管理不当		能量饲料过高或过低引起母猪不孕，造成母猪体脂过多，性欲低下，不发情，不配种，即使配种，往往造成难产；能量饲料不足时，母猪卵巢静止，不发情	严格按照母猪的营养标准来配制全价饲料，同时要根据群体母猪的膘情适时调整饲料营养标准，使母猪的膘情处于中上等膘
	饲养管理不当	母猪断奶后不发情	①调舍调栏，调离原环境，大约 10 天出现发情症状；对仍不发情者，可用氯前列烯醇 2 毫升肌内注射，隔天注射 PG600，也可以用催情散拌料。②用试情公猪或发情母猪追赶不发情母猪，通过爬跨等刺激促进发情排卵
饲喂霉变饲料	霉菌中毒	造成流产、死胎、跛脚，假发情及配种率下降等	禁用感染霉菌的原料配制饲料来饲喂母猪。对发病猪应立即更换饲料，对症治疗。治疗原则应遵循解毒、利尿、缓泻、补液
公猪精液品质差	有多种病因	母猪不孕	针对公猪精液品质差，查找原因对症治疗，同时加强对种公猪的饲养管理，依据种公猪的营养标准配制全价饲料。正确处理营养、利用、运动三者之间的平衡关系。严禁超标准、超年限使用种公猪。母猪配种前要对公猪精液进行镜检。种公猪射精量在200～300 毫升间，精子活力在 80%以上，密度在 2 亿～3 亿，畸形精子比率不超 20%。此种公猪方可用于配种，才能使正常发情的母猪受孕

36. 哪些病易引起公猪精液稀薄和死精?

影响公猪精液品质的因素很多，归纳起来主要有以下几点：

(1) 公猪的使用不当　长期闲置不用的公猪，第一次采得的精液

中大量精子老化死亡。生产公猪应合理安排使用，若长期不用，必须在公猪恢复使用前2周开始采精检测。

（2）营养缺乏　长期营养缺乏的公猪精液中死精较多。任何药物治疗都难收到良好效果，改善营养状况是解决问题的根本措施。

（3）疾病因素　传染病（布鲁氏病、衣原体病、钩端螺旋体病、乙脑、蓝耳病、伪狂犬病、圆环病毒病等）感染引起。睾丸、附睾、副性腺发生炎症，导致精子死亡；应采取隔离对因治疗，杀菌消炎，消除病因。

（4）应激引起　饲养环境的持续高温高湿，导致阴囊温度调节失控；发热性疾病引起的高烧，长期大量使用抗生素、注射疫苗或驱虫及饲喂霉变饲料等因素都能引起精子突然死亡。解决办法是立即排除致病因素。

（5）有害物质影响　射精和采精过程中混有尿液或其他有害物质（如消毒剂）会造成精子突然全部死亡。所以，采精过程不但要求无菌操作而且更要注意不要混入任何异物。

37. 哪些病易引起猪的皮肤发红？

引起猪只皮肤发红的原因很多，主要由疾病引起的见表2-4所示。

表2-4　引起猪的皮肤发红的疾病

病　名	皮　肤　症　状
猪瘟	全身皮肤发红，有出血点，耳、腹下、四肢、胸膜处有充血、出血及紫色的瘀血斑
猪繁殖与呼吸综合征	少数病猪耳部发紫、皮下出现血斑
猪丹毒	耳后、颈侧、胸腹、股内等皮肤较薄处出现红斑，指压褪色，后转瘀血、出血，指压不褪色
猪链球菌病	耳尖、腹下、四肢末端、股内侧有紫红色或蓝紫色出血点、出血斑

（续）

病　　名	皮 肤 症 状
猪附红细胞体病	耳、颈下、胸前、腹下、四肢内侧等部位的皮肤呈紫红色，指压不褪色
弓形虫病	耳、鼻、后肢股内侧和下腹部皮肤出现紫红色斑或间有出血点
传染性胸膜肺炎	皮肤发红，后期呼吸困难，鼻、耳、后躯皮肤发紫、发红

38. 哪些病易引起猪皮下团块或肿胀?

引起猪皮肤发生包块的病很多，见表2-5，主要有以下病因引起：

表2-5　引起猪皮下团块或肿胀的病

肿胀或团块出现部位	原　　因	肿胀或团块的特征
颌下	颌下脓肿、E群链球菌感染	脓、有细菌
	炭疽	水肿
	结核病	硫黄样颗粒
分布不定	增生物：肉瘤、黑色素瘤、血管瘤等	实体组织
	化脓性棒状杆菌	脓、有细菌
背部、肩、大腿	肿块性皮肤病	实体性表皮细胞
颈后、耳后或大腿	接种反应	脓、有或没有细菌
附睾或睾丸	布鲁氏菌病	脓、有细菌
肩、肋部、后躯、阴唇或耳	血肿	血或血清
跗关节后部	黏液囊炎	偶见滑液

39. 哪些病易引起未断奶仔猪咳嗽和呼吸困难?

未断奶仔猪的呼吸道症状病因较多，见表2-6，一般是由以下病因引起：

表 2-6 引起未断奶仔猪咳嗽和呼吸困难的病

病　因	发病年龄	症　状	剖解病变
缺铁性贫血	约 2 周或更大	皮肤苍白、易衰竭、呼吸快、被毛粗乱	心包积液、肺水肿、脾脏肿大
支气管败血波氏杆菌病	3 天或更大	咳嗽、虚弱、呼吸快、死亡率高	肺炎病变
嗜血杆菌、巴氏杆菌、支原体感染	1 周或更大	呼吸困难、咳嗽	肺炎
伪狂犬病	任何年龄	呼吸困难、发热、呕吐、腹泻、有神经症状、死亡率高	坏死性扁桃体炎、肝脾上有白色坏死灶、肺水肿
弓形虫病	任何年龄	呼吸困难、发热、腹泻、有神经症状	肺炎、肠溃疡、肝肿大

40. 哪些病易引起成年猪咳嗽和呼吸困难?

引起成年猪咳嗽和呼吸困难的疾病很多，表 2-7 中列出了主要的细菌、病毒和寄生虫感染引起的呼吸困难和咳嗽。

表 2-7 引起成年猪咳嗽和呼吸困难的病

病　因	临床症状	剖解病变
猪繁殖与呼吸综合征	呼吸困难、咳嗽、食欲减退、发热、腹式呼吸	肺间质增宽、淋巴结肿大、水肿
猪流感	呼吸困难、阵发性咳嗽、完全厌食、发热	咽、喉、气管、支气管内有黏液，肺脏有深紫色的下陷区
猪瘟、非洲猪瘟	全身症状、打喷嚏、咳嗽、呼吸困难、发热、厌食、呕吐、初期便秘后期腹泻、可能出现神经症状	多种组织水肿，淋巴结水肿、出血，膀胱和肾脏有出血点或出血斑，肝脏、脾脏肿大，脾脏有梗死

（续）

病　因	临床症状	剖解病变
伪狂犬病	全身症状、打喷嚏、咳嗽、呼吸困难、发热、厌食、呕吐、初期便秘后期腹泻、出现神经症状	坏死性扁桃体炎和咽炎，肝脏上有小的白色坏死灶
猪肺炎支原体病	主要表现呼吸道症状、艰难咳嗽、食欲减退、发热、腹式呼吸	主要病变在肺脏、肺部淋巴结和纵隔淋巴结。肺的心叶、尖叶、膈叶前下缘及中间叶，两肺发生对称性实变。实变区大小不一，呈淡红色或灰红色，界线分明，如鲜嫩肉一样，俗称“肉变”
胸膜肺炎放线杆菌病	食欲废绝，并出现短期的腹泻和呕吐。病猪的耳、鼻、腿部、体侧和腹部发绀，高度呼吸困难，呈犬卧姿势，张口呼吸	纤维素性胸膜炎很明显,气管和支气管内充满带血色的黏液性的泡沫性渗出物,肺呈紫红色、坚实、切面似肝、间质充满血色黏液性液体，黏膜水肿、出血。全身淋巴结肿大
副猪嗜血杆菌病	不咳嗽、呼吸困难、发绀、发热、食欲不振、共济失调、关节肿胀	浆液纤维素性胸膜炎、心包炎、关节炎
猪蛔虫病	咳嗽，其他症状轻微	肺萎缩、出血、水肿、气肿、肺小叶间隔出血和坏死

41. 哪些病易引起仔猪腹泻?

引起仔猪发生腹泻的原因很多，表 2-8 列出主要病原引起的腹泻。

表 2-8　引起仔猪腹泻的传染病

病因	日龄	发病率	死亡率	季节	仔猪其他症状	腹泻物外观特性
大肠杆菌	任何日龄易感,高峰期在1～4日龄和3周龄	通常中等,典型为整窝感染，邻窝正常	不一、中等	任何季节,冬季和夏季多发	脱水,腹膜苍白,尾部可能坏死	黄白色、水样有气泡,恶臭,pH 7.0～8.0

（续）

病因	日龄	发病率	死亡率	季节	仔猪其他症状	腹泻物外观特性
流行性传染性胃肠炎	各种年龄皆可发生	接近100%	1周龄以下接近100%，4周龄以上几乎为0	寒冷的季节	呕吐、脱水	黄白色（可能浅绿色）、水样有特殊气味，pH6.0～7.0
地方性胃肠炎	6日龄或更大	10%～50%	0～20%	无	呕吐、脱水	黄白色（可能浅绿色）、水样有特殊气味，pH6.0～7.0
球虫病	6～15日龄，尤其是7日龄	不一，最高可达75%	低	8～9月份高峰期	体瘦、被毛粗，断奶体重较轻	糊状，大量水样，黄灰色、恶臭、pH7.0～8.0，有些猪腹泻，其他猪拉“绵羊粒”屎
轮状病毒性肠炎	1～5周龄	不一，最高可达75%	5%～20%	无	偶见呕吐，糊状混有黄色凝乳状物	
产气荚膜梭菌	通常1～7日龄	每窝1～4头表现症状	急性死亡率100%，慢性死亡率低	无	PA型产气荚膜梭菌：俯卧呈划水状，偶见呕吐；SA和C型产气荚膜梭菌：体瘦、被毛粗	PA型产气荚膜梭菌：水样、黄色至血色腹泻；A型产气荚膜梭菌：淡红棕色水样粪便；SA型：水样，黄色至灰色粪便；C型：黄色至灰色黏液
猪痢疾	7日龄以上，尤其是2周龄	窝中散发	低	夏末和秋季	无脱水	水样和带血黏液、呈黄色至灰色
沙门氏菌病	3周龄				败血症	黏液带血
猪丹毒	通常1周龄以上	整窝散发	中度到高度			水样

（续）

病因	日龄	发病率	死亡率	季节	仔猪其他症状	腹泻物外观特性
伪狂犬病	任何日龄	可高达100%	50%～100%	冬季	呆滞、流口水、呼吸困难、共济失调、中枢神经症状	
弓形虫病	任何日龄	不一	不一		呼吸困难、中枢神经症状	水样
猪流行性腹泻	任何日龄	不一、通常高	中度到高度		呕吐、脱水	水样

42. 哪些病易引起猪跛行？

很多原因都会引起猪只发生跛行，表2-9列出了主要的一些原因和症状。

表2-9　引起猪发生跛行病

临床症状	病　因	诊　断
肌肉或组织眼观肿胀	创伤	体检
	败血梭菌感染	剖解、细菌分离鉴定
	背肌坏死	剖解、肌酸激酶
	非对称性后躯综合征	剖解
全身僵硬、不愿走动、步态不稳、发热、伴有其他败血症状	鼻霉形体、副猪嗜血杆菌、丹毒和猪链球菌急性感染	从心、肝、脾或病变中培养病原微生物
	破伤风	病原微生物培养
关节肿胀	鼻霉形体、滑液霉形体、副猪嗜血杆菌、丹毒、沙门氏菌、葡萄球菌、棒状杆菌感染	从关节中分离微生物
	佝偻病	剖解、骨灰鉴定、日粮分析

（续）

临床症状	病　　因	诊　　断
后肢不全麻痹或麻痹	布鲁氏菌	剖解、血清学检查
	佝偻病或软骨病	剖解、骨灰鉴定、日粮分析
	脊柱、盆骨、股骨损伤	剖解
尾部咬伤	脊柱脓肿	剖解、培养
外部无异常	猪滑液支原体感染	培养
	骨软病、变性关节病、创伤等	剖解
	骨软化和骨折	剖解、骨灰鉴定、日粮分析
	硒中毒	剖解、硒水平检测
外部变形、无疼痛、无发热、无肿胀	蹄叶炎	体格检查、细菌培养
蹄部异常、有损伤等	蹄过度生长、腐蹄病、蹄裂、蹄根分裂、创伤	体格检查
	蹄粗糙、环境潮湿、生物素缺乏	体格检查、日粮分析
	口蹄疫、水疱性口炎、水疱疹、猪水疱病	水疱液分离病毒
	硒中毒	饲料分析

43. 哪些病易引起猪脱肛？

引起猪发生脱肛的病因有：腹泻、咳嗽、药物使用不合理等因素，表 2-10 列出了引起脱肛的主要病因。

表 2-10　引起猪脱肛的主要病因

病　因	原　因
腹泻	直肠中异常酸性的粪便引起刺激，里急后重和脱垂
咳嗽	咳嗽时腹压增高，引起直肠脱位
堆积	环境温度太低，猪只堆积腹压增大引起脱垂

（续）

病　因	原　因
雌激素	雌激素引起里急后重和脱垂
圈舍地板设计不合理	地板上的漏缝太大，引起骨盆的压力增高
使用抗生素	使用了林肯霉素、泰乐菌素
遗传	某些公猪带有遗传缺陷
产后	尿道炎、阴道炎、配种后直肠或尿道损伤、尿道结石
与里急后重有关的各种情况	尿道炎、阴道炎、配种造成的直肠或尿道损伤、尿道结石、日粮盐分过多

44. 哪些病易引起猪磨牙？

引起猪只磨牙的原因有营养不良、消化不良、疾病感染等因素，表 2-11 列出了引起猪只发生磨牙的主要原因和防治措施。

表 2-11　引起猪磨牙的原因和防治措施

病　因	防　治　措　施
喂料单一，营养不良	喂精饲料应搭配青粗饲料，并适量添加矿物质和微量元素。在猪日粮中添加1%～2%的矿物质饲料，如骨粉、磷酸氢钙、蛋壳粉等，并添加0.25%～0.5%的食盐等，对防止猪磨牙有一定的效果
猪慢性消化不良	对于消化不良的猪要健胃开食。用规格为0.3克的大黄苏打片10片，研成末拌料饲喂，每天2次，连喂3天；用山楂、麦芽、神曲各50克（1次用量），煎汁拌料饲喂。每天2次，连喂5天
体内有寄生虫感染	盐酸左旋咪唑注射液肌内注射1次，每千克体重用6毫克，以驱除寄生虫
体内缺乏维生素	用维生素AD注射液，每千克体重肌内注射0.1毫升，并给猪喂服复合维生素B，每天2次，每次10片，连喂8天

45. 哪些病易引起猪皮肤瘙痒？

容易引起猪的皮肤瘙痒的病主要有下面几个，见表 2-12 所示：

表 2-12　引起猪皮肤瘙痒的疾病

病名	病　因	临床症状	治疗措施
荨麻疹	采食发霉或有毒饲料以后，以及荨麻或毒草的刺激，昆虫咬刺、皮肤尘埃过多，有些传染病过程中及黄疸症	下颌、颜面、躯干和臂部形成水肿性肿胀和顽固的丘疹，指头至核桃大，病畜不安，呼吸促迫，战栗或出汗，一般丘疹在6～12 小时消散	搞好栏舍及猪体的清洁卫生，不要饲喂发霉腐败和有毒的饲料，发生本病后，可于颈静脉或耳静脉放血200～400 毫升，效果良好；注射抗过敏药物
猪疥螨病	疥螨虫寄生在猪的皮肤上而引起皮肤发痒发炎	病猪剧痒，摩擦地面、墙壁等物体，重者不得休息，食欲减退，生长缓慢	搞好猪舍卫生工作，保持清洁、干燥、通风，种猪每年驱虫两次，生长猪每隔两个月驱虫一次。治疗时详细检查，使药物充分接触虫体，用温肥皂水或来苏儿水彻底洗刷患部，除掉硬痂和污物后再涂药。为了避免再感染，用杀螨药彻底消毒猪舍和用具。治疗需要 2～3 次（每次间隔 5 天）以杀死新卵孵出的虫体
猪虱	猪虱寄生于体表被毛内	病猪常在墙和围栏上擦痒，导致体表出血，精神不安，食欲减退，营养不良，消瘦，生长缓慢，特别是仔猪生长发育停滞	用 0.1%的敌百虫水溶液等喷洒猪体或药浴。要经常检查猪的体表，特别是对从外地购入的猪，要仔细检查，一旦发现猪虱，立即捕捉或用药物驱杀。搞好猪舍环境卫生，要定期消毒，饲养密度不宜过大

（续）

病名	病　因	临床症状	治疗措施
猪皮肤真菌病	多种皮肤致病真菌如须毛癣菌和小孢子菌等寄生在猪皮肤所引起	病初，局部皮肤潮红，2～3天后颜色逐渐变成紫红，并伴有渗出性炎症。再过2～3天后，猪的皮肤逐渐出现铁锈色或褐色斑块病灶，最后波及全身。此时病猪食欲减退，精神委顿，被毛松乱，怕冷嗜睡。有时堆挤一起，发痒蹭墙，个别病猪伴有腹泻，仔猪生长发育受阻，严重病猪瘦弱而死	使用0.2%消毒威，2%敌百虫加1%硫黄混悬液两种药液交替使用喷洒在猪的皮肤，在喷药前，必须冲洗干净栏舍及猪体表，所有猪及栏床隔墙（仔猪接触到的地方）必须充分喷湿，喷药时间最好选择当天温度较高时进行，治疗2～3天痊愈，不复发

46. 哪些病易引起猪猝死？

引起猪猝死的原因有疾病和中毒，表2-13列出了猝死的主要疾病。

表2-13　引起猪猝死的主要病因

病　因	易感猪和发病时间	剖解病变	相关因素
水肿病	断奶后1～2周的仔猪、特别是生长最快的猪	皮下组织、眼睑、胃黏膜和结肠系膜水肿	可能与自由采食高营养且适口性好的饲料有关
食盐中毒	哺乳仔猪和架子猪，也可见于任何年龄的猪	无肉眼病变，可见胃炎和肠炎	近期供水中断，饲喂食盐含量较高的饲料
维生素E/硒缺乏	哺乳仔猪和架子猪	急性出血性肝坏死、心肌出血、心包积液，骨骼肌和心肌水肿，呈白色	缺硒的地方常见
胸膜肺炎放线杆菌、多杀性巴氏杆菌感染	架子猪和育肥猪	发绀、急性坏死性出血性肺炎、胸腔内有纤维素，气管和支气管充满血色样泡沫	

（续）

病　因	易感猪和发病时间	剖解病变	相关因素
副猪嗜血杆菌感染	哺育仔猪和架子猪	发绀、纤维素性腹膜炎、心包炎、胸膜炎、关节炎和脑膜炎	
A型魏氏梭菌感染	主要发生于20～40千克育肥猪、怀孕20～60天的经产母猪及哺乳母猪。常发生于天气阴冷潮湿的冬春季节，具有明显的阶段性和季节性，每年11月到次年2月多发，发病时间短，致死率达100%	最常见：胃肠高度臌气，胃扭转或扩张，胃黏膜脱落并有严重出血性炎症，肠管胀大发亮，黏膜脱落，腹水增多呈茶色，肠系膜淋巴结肿大出血；脾脏肿大2～3倍，严重瘀血；个别病猪有心肌出血、心包积液、心肌表面有树枝状充血，肾有散在出血点；淋巴结、腹股沟及肠系膜淋巴结出血，红白相间，呈大理石样变、水肿多汁；胸腹腔积液并呈黄色，变软变薄	本病的发生与环境卫生不良有直接关系，故猪舍粪便应及时清理，栏舍定期消毒，同时合理配制日粮，保证饲料原料质量，禁用霉变饲料或突然更换饲料
猪应激综合征	育肥猪至成年猪，特别是外种猪易发	腹下有融合性发绀斑，尸僵迅速，有白色肌肉区	发生于运输、争斗、交配及产仔的猪
胃溃疡	育肥猪至成年猪	食道部分糜烂、胃内有大量血液，明显苍白	饲喂粉碎较细的饲料或乳清，无法采食
脑心肌炎病毒感染	1～20周龄	腹部发绀、右心扩张，伴有苍白肌肉区、腹腔、心包和胸腔内有纤维素	可能多见于啮齿类动物侵袭的圈舍
电击	任何年龄	肺有小点状出血，蹄冠部有烧焦的毛，腿内侧有红色条痕	建筑物内有短路，近期有暴风雨和闪电
肠出血综合征	育肥猪晚期和成年猪早期	苍白，小肠末端和结肠升袢充满血液	与细胞内弯曲杆菌感染有关
出血性肠综合征		小肠充满血色液体，腹腔内有血样液体，可能有肠扭转，结肠充气	与饲喂乳清特别是酸性的乳清有关
窒息	任何年龄		空气流动不畅，风扇失灵

47. 哪些病易引起猪只精神和行为异常？

有多种病会导致猪只精神兴奋和抑郁，临床上有的表现为运动机能失常和出现神经症状，主要病因如表 2-14 所示。

表 2-14 导致猪只出现精神和行为异常的常见病

病种	发病年龄	神经症状或运动失常表现	四肢病变
猪伪狂犬病	数日到 6 周	战栗、抽搐、惊厥、震颤、共济失调、运动失调和无力	无
猪瘟	所有年龄的猪都易感	磨牙、转圈、后退、侧卧、强直及游泳状甚至昏迷	四肢内侧的皮肤出现针尖状出血点
猪水肿病	数日龄至 4 月龄	转圈，肌肉震颤，四肢呈划水状，有角弓反射、共济失调，四肢无力，后期侧卧	无
脑膜炎型链球菌病	5～10 周龄	不能站立、跛行、划动、角弓反张、惊厥，眼球震颤，双眼通常直视、结膜发红	关节肿胀
猪破伤风	所有年龄的猪都易感	早期：耳朵直立、尾巴翘立。头部轻抬。后期角弓反张、四肢伸直、侧卧、持续痉挛	四肢伸直
脑脊髓炎	数日到 4 周龄	寒战、感觉过敏、抽搐、共济失调，四肢僵直（特别是后肢）、角弓反张和昏迷，接着发生麻痹，病猪呈犬坐姿势或于一侧卧地，前肢作划水样，步态蹒跚、向后退行	蹄部发绀
李氏杆菌病	所有年龄的猪都易感	全身均衡失调，做圆圈运动，或无目的行走	无
猪乙型脑炎	所有年龄的猪都易感	磨牙、后肢震颤、步态不稳、跛行、转圈、摆头和乱冲乱撞	后肢麻痹，关节肿大
仔猪先天性震颤	数日到 3 周龄	头部、四肢和尾部骨骼肌震颤，后肢强直性痉挛，后肢分开，似犬坐姿势，行动困难，呈跳跃运动	无
食盐中毒	所有年龄的猪都易感	颈肌抽搐，不断咀嚼流涎，犬坐姿势，严重时阵发性惊厥，昏迷	无
有机磷中毒	所有年龄的猪都易感	流涎、步态蹒跚、全身肌肉震颤、肌肉麻痹	无

48. 哪些病能够导致猪的眼部出现异常？

健康猪的眼结膜呈粉红色，有一些病因常导致猪的眼睛出现异常，临床上表现为眼睛分泌物增加，可视黏膜出现充血、黄疸，眼睑肿胀等。表 2-15 列出了主要引起眼睛出现临床症状的疾病。

表 2-15　导致猪眼部出现异常的常见病因

病种	分泌物	可视黏膜	眼睑
猪流感	黏性分泌物	结膜充血、发红	无
萎缩性鼻炎	流泪，眼眶下形成半月形褐色或黑色泪痕斑	结膜发红	无
水肿病	无	无	眼睑肿胀
附红细胞体病	无	结膜苍白或黄染	无
猪瘟	流脓性或卡他性分泌物	结膜充血、发红	无
猪囊尾蚴病	无	猪囊尾蚴寄生于眼结膜时，出现充血、水肿	猪囊尾蚴寄生于眼睑，出现包块
感冒	流泪	结膜潮红	无
刺激性气体	流泪	结膜潮红	眼睑肿胀

49. 哪些病导致猪的体表出现水疱？

多种疾病均能导致猪的蹄部、口部、鼻部和其他地方皮肤出现水疱样病变。表 2-16 列出了 4 种疾病在临床上的鉴别诊断特征。

表 2-16　导致猪体表出现水疱的 4 种疾病

病种	病原	水疱特征	水疱出现部位
水疱病	水疱病病毒	初期为黄豆至蚕豆大水疱，随后融合扩大	蹄部、口部、鼻端和腹部、乳头周围皮肤和黏膜
口蹄疫	口蹄疫病毒	水疱和烂斑	口鼻部、蹄部
水疱性口炎	水疱性口炎病毒	浅灰红色水疱	口腔黏膜、鼻子、乳头及足部冠状垫
猪水疱疹	水疱疹病毒	水疱，破裂后创口糜烂	吻部、唇部、舌部，口腔黏膜、蹄掌、趾间及足部冠状垫

第三章　猪常见传染性疾病的防治

50. 如何有效地控制仔猪黄白痢？

仔猪黄痢是由致病性大肠杆菌引起的一种急性、致死率较高的肠道疾病，以排出黄色稀粪为特征（见图 3-1），病死猪严重脱水，干而消瘦，眼窝下陷（见图 3-2），是新生仔猪的一种常见病和多发病，发病率和死亡率都很高。仔猪白痢是由致病性大肠杆菌引起的一种急性肠道疾病，是 10～30 日龄仔猪的一种常见病和多发病，以排出灰白色糨糊状、腥臭味粪便为特征，发病率高、死亡率低。

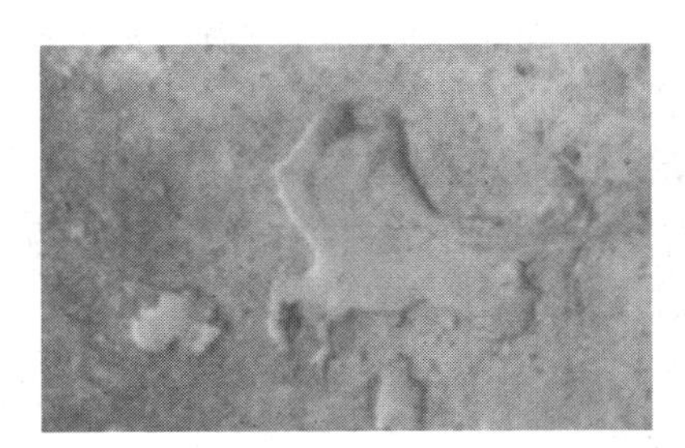

图 3-1　粪便黄色、呈水样下痢

图 3-2　病死猪严重脱水，干而消瘦，眼窝下陷

（1）预防措施

①按程序对母猪进行免疫接种，以提高其初乳中特异性母源抗体的水平，从而使仔猪获得被动免疫力，可用大肠杆菌 k88，k99 双价基因工程菌苗和大肠杆菌 k88、k99、987p 三价灭活菌苗等对临产前母猪按说明书进行免疫。

②加强消毒工作：母猪进产房前 5～7 天，对产房进行彻底清扫和消毒；用百毒杀或来苏儿进行猪体消毒尤其注意母猪外阴和乳房的

消毒。

③产房内应保持干燥，一般相对湿度60%～70%，要求通风良好，保持清洁卫生，冬季时要加强保温工作，温度一般为19～22℃；应该有仔猪保温设施，特别注意对出生5天内的仔猪进行保温工作。

④加强母猪的饲养管理，分娩后的母猪，如果喂料量过多，易造成消化不良、便秘，同时也会造成仔猪下痢，因此适当掌握分娩前后的喂料量很重要的。

（2）治疗方案 治疗仔猪黄白痢的药物很多。但是，大肠杆菌很易产生抗药性。治疗时除不断调换新的药物外，最好一次使用两种药物。若一窝中有一头发病，除对发病猪治疗外，其他未发病猪也要投药进行预防。

①治疗仔猪黄痢：可通过使用微生态制剂调节仔猪肠道菌群平衡来防治，痢速康（重庆市畜牧科学院研制），每千克体重0.1～0.2克，每天1次，内服，连服3～5天；乳酶生，每千克体重0.5～1片，每天1次，内服，连服3～5天。也可通过中药饲喂母猪，提高母猪奶水质量防治仔猪黄痢：山楂、麦芽、神曲、枳壳、陈皮、白头翁、龙胆各16克，烘干研末喂母猪，连服4～5天。

②治疗仔猪白痢：仔猪白痢的治疗方法同仔猪黄痢，但要注意，大肠杆菌耐药性产生较快，尤其是对于反复发作的白痢病例，药物应不断调换。从临床治疗情况看，口服投药效果比较理想。

51. 猪水肿病的发病特征是什么？

该病是溶血性大肠杆菌产生毒素所引起，大肠杆菌血清型多，常见的有O139、O141、O138、K81等。小猪发生该病，特征为突然发病，运动共济失调，局部或全身麻痹，胃壁和其他部位发生水肿，常发生于断奶仔猪尤其是体况健壮的仔猪，小至数日龄大至四月龄均有发生，是一种急性高度致死性神经疾病。

（1）临床症状 多发生在断奶后一周至月龄大，体况健壮、生长快的仔猪身上。开始时仔猪出现腹泻或便秘，1或2天后病程突然加快或死亡，病猪四肢无力，共济失调，转圈，肌肉震颤，后期侧卧不

起，不时抽搐，四肢作游泳状划动（图 3-3），触动时表现敏感，有角弓反射并作嘶哑的叫鸣。

（2）特征病变（图 3-4）　水肿是本病的特征症状，常见于脸部、眼睑、结膜、齿龈，有时波及颈部和腹部的皮下，病程一般为1～2 天。

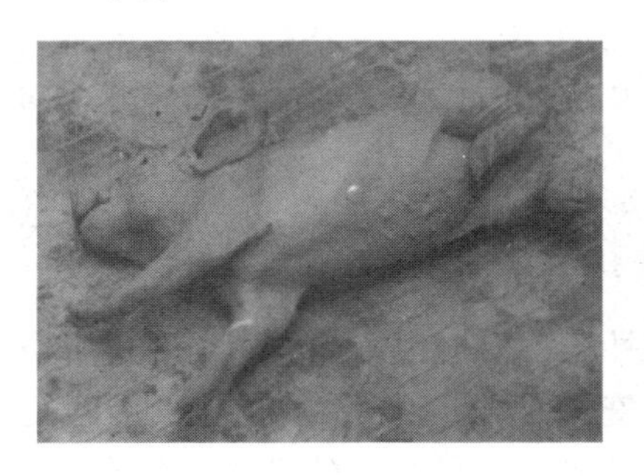

图 3-3　病猪侧卧，四肢呈划水状蠕动

图 3-4　病仔猪眼睑水肿、充血，前肢成跪趴姿势

（3）剖检病变（图 3-5）水肿，胃壁水肿常见于大弯部和贲门部，黏膜层和肌层之间有一层胶冻样水肿，严重的厚达 2～3 厘米。大肠系膜的水肿也常见，有些病猪直肠周围也有水肿。胆囊和喉头也常有水肿。小肠黏膜有弥漫性出血变化。淋巴结特别是肠系膜淋巴结有水肿和充血、出血的变化。

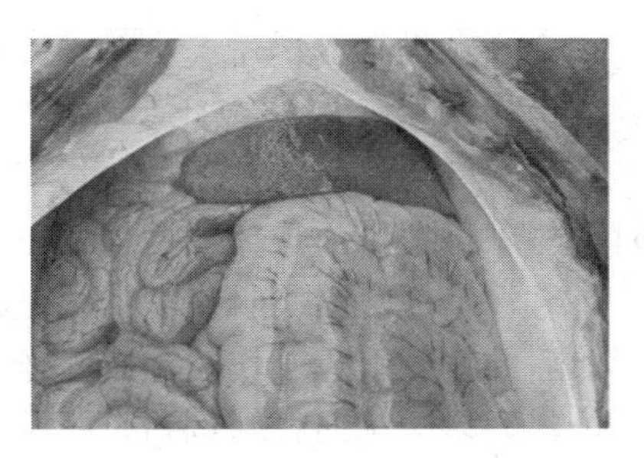

图 3-5　结肠肠系膜水肿

52. 冬春季如何防治仔猪水肿病？

仔猪水肿病是由致病性大肠杆菌引起的断乳后仔猪的一种肠毒血症。此病一年四季均可发生，尤以冬春季节多发，流行较广泛，致死率高达80%以上，给养猪户造成很大的损失。

(1) 仔猪水肿病发生的主要原因 断奶后饲料突然改变，引起肠道微生物群的变化。此外，生活环境和气候的变化，饲料中缺乏维生素和矿物质元素等也都是致病因素。

(2) 一般性措施

①加强饲养管理，搞好畜舍环境卫生，定期消毒，保持清洁高燥。在动物分娩前，对产房、产床及接产用具要进行彻底的清洗和消毒，干燥后使用。

②保证饲料、饮水的清洁卫生，防止污染。禁止其他动物和无关人员随意进出。

③实行自繁自养，严格控制从外场、外地引进动物。须引进种畜时，应先查清该场地疫情，不从有疫情处引进。对引进的动物要进行隔离检疫，采取全出全进管理方式，在进出间隙，对圈舍、用具和人员服装进行彻底消毒，清洗，适当空圈后再用。

(3) 主要的预防措施 由于仔猪水肿病是多种因素共同作用的结果。因此，在预防上应采取综合性的防治措施。

①妊娠母猪应保持一定的户外运动，在妊娠和哺乳期间应补给足够的矿物质和维生素，加强产前产后的饲养和护理。

②在母猪妊娠的中后期适量口服0.1%亚硒酸钠和维生素E，同时饲料中可适量添加免疫增强剂。

③仔猪应及时吮吸初乳，尽量减少各种不良因素的刺激，加强断奶前后的饲养管理工作，断奶前作好补料工作，增加含钙和富含维生素饲料，多喂优质青绿饲料，断乳不能太突然。

④对未发病的健康猪群可采取预防性的投药。

⑤用针对当地（场）流行的大肠杆菌血清型制备的弱毒苗或灭活苗接种仔猪，可使其获得被动免疫，对预防本病有一定的效果。

(4) 治疗措施 本病呈急性经过，往往来不及救治。可使用经药敏试验证明对分离的大肠杆菌血清型有抑制作用的抗生素和磺胺类药物，如硫酸新霉素、庆大霉素、喹诺酮类药、土霉素、磺胺甲基嘧啶、磺胺脒等，并辅以对症治疗。另外，用整肠生等微生态制剂预防有一定保护作用，且长期应用不会产生抗药性，无毒副作用。用水肿

病抗毒素配合敏感抗生素治疗，效果更好。

53. 临床上怎样诊断和治疗猪喘气病?

根据该病的流行病学、临床特点和病理变化等可作出初步诊断。

（1）流行病学　自然病例仅见于猪，不同年龄、性别和品种的猪均能感染，但乳猪和断乳仔猪易感性最高，发病率和死亡率较高，其次是怀孕后期和哺乳期的母猪，肥育猪发病较少，病情也轻。母猪和成年猪多呈慢性和隐性。

病猪和带菌猪是本病的传染源。病猪在临诊症状消失后，在相当长时间内不断排菌，感染健康猪。本病一旦传入后，如不采取严密措施，很难彻底扑灭。

本病一年四季均可发生，但在寒冷、多雨、潮湿或气候骤变时较为多见。饲养管理和卫生条件是影响本病发病率和死亡率的重要因素，尤以饲料质量差、猪舍潮湿和拥挤、通风不良等影响较大。如继发或并发其他疾病，常引起临诊症状加剧和死亡率升高。

（2）临床症状　急性型主要发生在妊娠母猪和仔猪，病初为短声连咳，在早晨出圈受冷空气的刺激，或经驱赶运动和喂料的前后最易听到。病猪呼吸困难，犬坐喘鸣，呈明显的腹式呼吸（图 3-6），体温正常或稍高。后期当病猪严重呼吸困难时，可见食欲废绝。病程一般 3～7 天。慢性型发生于架子猪和后备母猪，患猪长期咳嗽，腹式呼吸明显。猪体消瘦，发育不良，很少发生死亡，病程可达数月。

（3）病理变化　主要见于肺、肺门淋巴结和纵隔淋巴结。急性死亡可见肺有不同程度的水肿和气肿。在心叶、尖叶、中间叶及部分病例的膈叶前缘出现融合性支气管肺炎，以心叶最为显著，尖叶和中间叶次之，然后波及膈叶。早期病理变化发生在心叶，如粟粒大至绿豆大，逐渐扩展而融合成多叶病理变化，成为融合性支气管肺炎。两侧病理变化大致对称，病理变化部的颜色多为淡红色或灰红色，半透明状，界线明显，如鲜嫩肌肉，俗称“肉变”（图 3-7）。随着病程延长或病情加重，病理变化部颜色转为浅红色、灰白色或灰红，半透明状态的程度减轻，俗称“胰变”或“虾肉样变”。肺门和膈淋巴结显著肿大，有时边缘轻度充血。继发感染细菌时，引起肺和胸膜的纤维素性、化脓性和坏死性病理变化，还可见其他脏器的病理变化。

图 3-6 病猪呼吸困难，犬坐喘鸣，呈明显的腹式呼吸

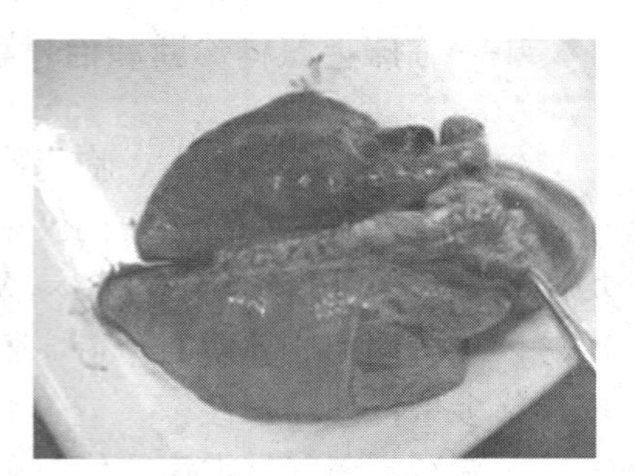
图 3-7 肺脏呈"肉变"

（4）治疗方案

①猪肺炎支原体对青霉素及磺胺类药物不敏感，而对恩诺沙星等敏感。目前常用的药物有：环丙沙星、恩诺沙星、庆大霉素或丁胺卡那霉素、酒石酸泰乐菌素或北里霉素或泰妙菌素、利高霉素。

②母猪产前产后、仔猪断奶前后，在饲料中拌入0.1%枝原净，同时以0.075%恩诺沙星的水溶液供产仔母猪和仔猪饮用；仔猪断奶后继续饮用10天。

③结合猪体与猪舍环境消毒，逐步自病猪群中培育出健康猪群。

④0.8%呼诺玢、土霉素、金霉素拌料，脉冲式给药。

（5）免疫接种 7～15日龄哺乳仔猪首免1次，到3～4月龄确定留种用猪进行二免。种猪每年春秋各免疫1次。

54. 猪喘气病的预防控制要点有哪些？

（1）改善空气质量是防治本病的关键 猪喘气病只能通过病猪与健康猪直接接触，通过病猪的咳嗽、喘气和喷嚏将含有病原体的分泌物喷射出来，形成飞沫，经呼吸道感染，经伤口、皮下注射、消化道都不能感染发病。因为传染病的发生，只有在感染一定数量的病原才能致病。对于空气飞沫传播的疾病，通过加大通风，可以降低猪舍内

的病原浓度，控制疫病的发生和传播。

（2）进行疫苗免疫接种　疫苗接种免疫是控制传染病发生的重要手段，经常发生猪喘气病的养殖场建议进行疫苗免疫，对成年种猪，每年用猪喘气病弱毒冻干疫苗免疫接种1次；后备种猪于配种前免疫接种1次；仔猪于7～15日龄免疫接种1次。已感染的病猪，可腹腔注射接种猪喘气病兔化冻干苗，注射过疫苗后尽量不要进行抗生素注射。但目前疫苗使用后反馈的信息表明，疫苗免疫失败的很多，仍有免疫后局部少数发病的现象出现。猪喘气病疫苗免疫控制发生是一个世界性的难题，近年来疫苗的免疫保护率有所提高，但仍不能避免局部少数的发生。

（3）抗生素治疗　猪支原体对青霉素和磺胺类药物不敏感，但对壮观霉素、土霉素、卡那霉素、泰乐菌素等敏感。

对于发病的猪场可以采用以下方法进行治疗：按每吨饲料中添加林可霉素（洁霉素）200克，连喂21天。硫酸卡那霉素每千克体重用10～20毫克，肌内注射每天2次，连用5天。盐酸土霉素每千克体重30～40毫克，用0.25%普鲁卡因注射液或4%硼砂溶液稀释后肌内注射，每天1次，连用7天。0.05%的土霉素拌料饲喂5～7天，同时肌内注射卡那霉素每千克体重2万～4万单位，每天1次，连用3～5天。泰乐松注射液按每千克体重用0.4毫升，肌内注射，每天2次。

（4）高发季节预防性投药　根据猪喘气病在本场的流行特点，对猪喘气病常发季节可以预防性提前给药。在换季时节或断奶时期仔猪可以按每吨日粮添加土霉素碱400～800克拌料饲喂；对于抗病能力较弱的出生乳猪分别于2、7、21日龄时各肌内注射0.5毫升得米先长效注射液。

（5）加强饲养管理

①加强科学管理，创造良好的生长环境。冬春加强防寒保暖，夏秋做好防暑降温，减少各种不良因素的刺激。

②降低饲养密度，一般来说饲养密度增加一倍，传染病的发生几率会增加十倍，饲养密度的降低也是控制疫病传播的重要手段。

③注意环境消毒，根据疫情对猪舍每天消毒1～2次，粪便、脏

水的附带病原微生物要经过无害化处理，常用的消毒药物有 0.5%的福尔马林、0.5%的苛性钠、20%的石灰乳、1%的石炭酸等。

④科学配制日粮，相互搭配合理，做到少给勤添。

⑤加强通风换气，保持猪舍干燥，降低氨气刺激，减少灰尘，灰尘中携带有大量病原微生物。

(6) 建立不携带病原菌的健康种猪群 对于有条件的种猪场可以开展检疫净化工作，建立不携带猪支原体病原的种猪群。无本病的地区或猪场，贯彻自繁自养原则。引种要严格检疫，严格执行各项兽医防疫制度，以杜绝病原的引入。

55. 猪传染性胸膜肺炎怎样诊断?

猪传染性胸膜肺炎，过去曾称为猪接触传染性胸膜肺炎、猪嗜血杆菌胸膜肺炎。该病的急性和亚急性病例以纤维素性出血性胸膜肺炎、慢性病例以纤维素性坏死性胸膜肺炎为主要特征。

(1) 传播途径 本病的感染途径是呼吸道，即通过咳嗽、喷嚏喷出的分泌物和渗出物而传播，而接触传播可能是其主要的传播途径。猪患呼吸系统疾病时，容易发生继发感染或混合感染。如本病与猪伪狂犬病毒、蓝耳病病毒、多杀性巴氏杆菌、肺炎霉形体、嗜血杆菌等病原的混合感染，应引起高度重视。

(2) 主要临床症状 本病的病程可分为最急性、急性、亚急性和慢性四种。

①最急性型：猪群中 1 头或几头突然发病，并可在无明显征兆下死亡。随后，疫情发展很快，病猪体温升高达 41.5℃以上；精神委顿、食欲明显减退或废绝，张口伸舌，呼吸困难，常呈犬坐姿势；口鼻流出带血性的泡沫样分泌物，鼻端、耳及上肢末端皮肤发绀，可于 24～36 小时内死亡，死亡率高。

②急性型：病猪精神沉郁，食欲不振或废绝，体温 40.5～41℃；呼吸困难，喘气和咳嗽，鼻部间可见明显出血（图 3-8）。整个病情稍缓，通常于发病后 2～4 天内死亡，耐过者可逐渐康复，或转为亚急性或慢性。

③亚急性或慢性：常由急性转变而来，体温不升高或略有升高，食欲不振，阵咳或间断性咳嗽，增重率降低。在慢性感染群中，常有很多隐性感染猪，当受到其他病原微生物侵害时（如肺炎支原体、多杀性巴氏杆菌、支气管败血性波氏杆菌、蓝耳病病毒），则临床症状可能加剧。剖检病变主要见于胸腔，表现为不同程度的肺炎和胸膜炎。

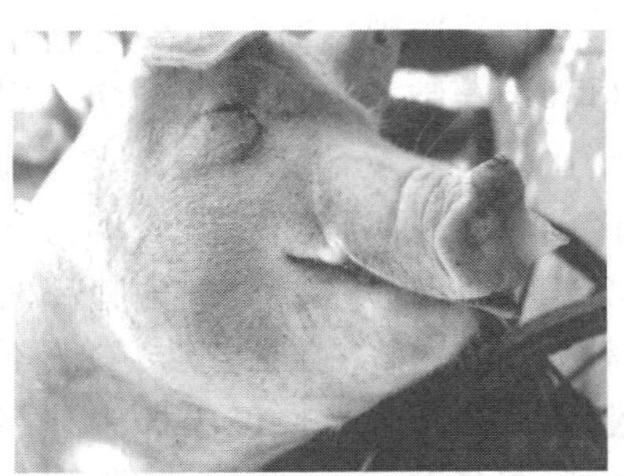

图 3-8 传染性胸膜肺炎病猪呼吸困难、鼻孔流血

(3) 诊断 根据流行病学、临床症状和剖检变化，可作初步诊断，确诊需进行病原学诊断。

①微生物学诊断：新鲜病料能较容易从支气管、鼻腔分泌物或肺部病变中分离到病原。初次分离可用10%绵羊血液琼脂平板，与表皮葡萄球菌交叉划线，10%CO_2 温箱过夜培养后，可看到β-溶血的小菌落在划线的附近（需要 NAD）生长。然后挑可疑菌落纯培养后作生化鉴定，主要包括 CAMP 试验、脲酶活性及甘露糖发酵等。利用加有抗生素的选择性培养基进行初代分离较容易，特别是混合感染时。

②血清学诊断：血清学试验主要用于筛选试验和流行病学的研究。国内外建立了许多血清学方法广泛用于该病的检测。如平板凝集试验、协同凝集试验、试管凝集试验、乳胶凝集试验、补体结合反应、间接血凝试验、荧光抗体、酶联免疫吸附试验（ELISA）等，常用的有补体结合反应、ELISA、间接血凝试验等。

③分子生物学诊断：主要是 PCR 方法在诊断上的应用，该方法发展迅速，目前国外已建立了多种 PCR 的检测方法。有的可用于细菌分离物的鉴定，有的也可直接从病料中扩增出病原，特异、敏感、快速，无疑是诊断此病的最佳选择。国内多家实验室建立的 PCR 方法，病料经处理后能直接进行 PCR 扩增，极大缩短了诊断周期，方便了该病的诊断。

(4) 鉴别诊断 主要与猪支原体肺炎、肺炎型巴氏杆菌病、副猪嗜血杆菌病及伪狂犬病、蓝耳病相区别。支原体肺炎一般表现为咳嗽与气喘，剖检主要表现为肺部两侧对称性的肉样变或胰变，一般不引起死亡；而多杀性巴氏杆菌肺部感染病变多在前下部，而胸膜肺炎的肺部感染部位多在后上部且有局灶性的纤维素性胸膜炎（图 3-9）；副猪嗜血杆菌病的发病有多系统性。伪狂犬病及蓝耳病的诊断要结合猪群发病的流行病学及血清学病原学的检测。

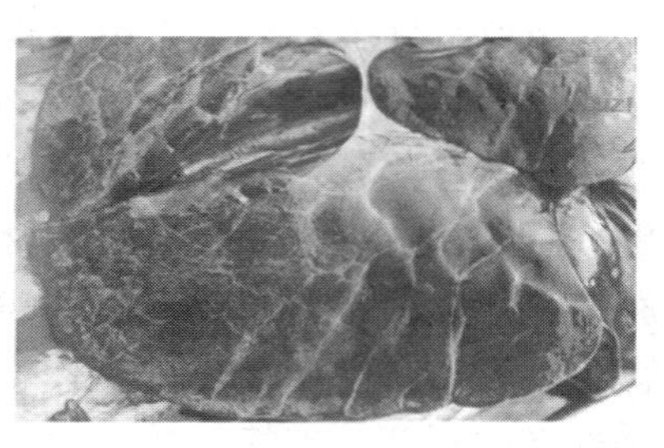

图 3-9 病猪肺脏病变区呈紫红色，坚实，表面附有纤维素

56. 猪传染性胸膜肺炎怎样防治?

猪传染性胸膜肺炎的防治措施有：

(1) 免疫接种 疫苗是控制猪胸膜肺炎放线杆菌感染的有效手段。目前市场上有亚单位苗和灭活苗出售，每种疫苗都有不足之处，或不能抵抗所有血清型的攻击，或不能消除患病动物的带菌状态。近来各国都在积极探索基因缺失弱毒苗对胸膜肺炎的保护效果，有望取代目前的灭活苗。因为基因缺失弱毒苗的交叉保护力更强，初步的动物试验表明可抵抗多数血清型的攻击。

华中农业大学研制出 APP1、7 两种血清型加上地方流行菌株的多价灭活苗，免疫猪保护率达 85%以上，有效免疫持续半年以上，在规模化养猪场应用效果显著。同时华中农业大学根据各场的要求做的自家苗或组织苗，配合药物，能很好地控制该病，对血清型不明的场尤为有效。

(2) 药物预防 根据近来国内外的用药情况的药敏试验结果，猪胸膜肺炎放线杆菌对头孢噻夫、替米考星、氟甲砜霉素、先锋霉素、环丙沙星、单诺沙星、恩诺沙星、四环素、庆大霉素、卡那霉素等较敏感。金霉素与泰乐菌素的联合用药在临床上使用也较多。对有明显

临床症状的发病猪，可用首选药物进行口服和注射同时给药，具有良好的效果。对未发病猪群在饲料或饮水中添加给药，先用治疗剂量给药数天后，改用预防量给药数周或数月可控制此病的发作。在本病的防治过程中，对用于预防的药物应有计划地定期轮换使用，最好做药敏试验。

（3）综合防治　注意预防伪狂犬病、猪瘟、蓝耳病、支原体肺炎、副猪嗜血杆菌病等疾病。这些疾病或破坏猪的免疫系统，或破坏猪肺脏的防御功能，从而使猪只对胸膜肺炎放线杆菌的易感性增加，因而一定要做好这些疾病的免疫预防工作。猪舍及环境均定期消毒，减少病原微生物的生存。减少猪的应激，改善和加强饲养管理，采用全进全出的饲养方式，感染前两周免疫，使用对应血清型。总之，对于呼吸道疾病的控制应以免疫预防为主，并结合综合性的防治措施。

57. 副猪嗜血杆菌病的临床症状和剖检变化有哪些？

副猪嗜血杆菌是猪上呼吸道的一种常在菌，是猪 Glässer 氏病的病原。副猪嗜血杆菌是寄生于上呼吸道的常在微生物，是一种机会致病菌，可以并发或继发于蓝耳病、伪狂犬病、细小病毒病、圆环病毒病、猪瘟等疫病，使疫情复杂化，经济损失加重。

（1）临床症状　早期体温 41～42℃，食欲下降，呼吸困难，关节肿大，跛行和行走不协调，皮肤发绀，常发病后 2～3 天死亡。多数病呈亚急性或慢性经过。患畜精神沉郁、食欲不振、中度发热（39.6～40℃）、呼吸浅表，病猪常呈犬卧样姿势喘息，四肢末端及耳尖多发蓝紫。耐过猪被毛粗乱，咳嗽、喘气，生长发育缓慢，有时可见到猝死病例（由败血症休克致死）。在初次发生本病的猪场，发病迅速，接触病原后几天内就发病，出现体温高，反应迟钝，运动时或迫起时发出尖叫（疼痛），某些猪由于发生脑膜炎而表现肌肉震颤、麻痹、惊厥。病畜四肢关节肿大，跛行，颤抖，共济失调，可视黏膜发绀，侧卧死亡。当病菌经过皮肤的创伤侵入或随血液侵及皮肤时，则可引起局部的皮肤发炎或坏死。急性期未死的可留下后遗症，即母猪流产，公猪慢性跛行，哺乳母猪因跛行疼痛，致母性行为弱化。

（2）剖解病变

①死于本病的猪，体表常有大面积的瘀血和瘀斑，病情严重的病猪，全身性瘀血，四肢末端、耳朵和胸背的皮肤呈紫色（图 3-10）。

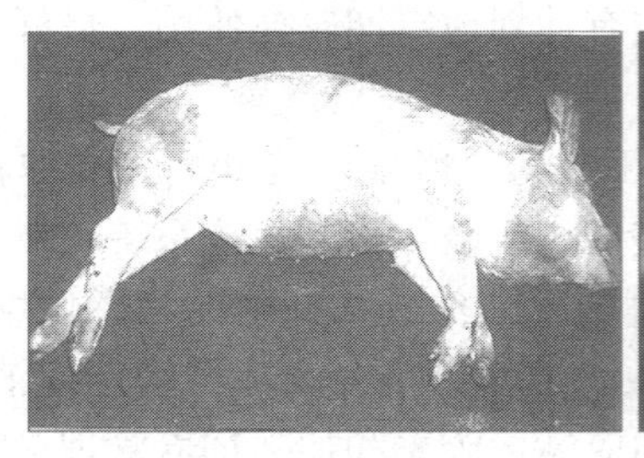
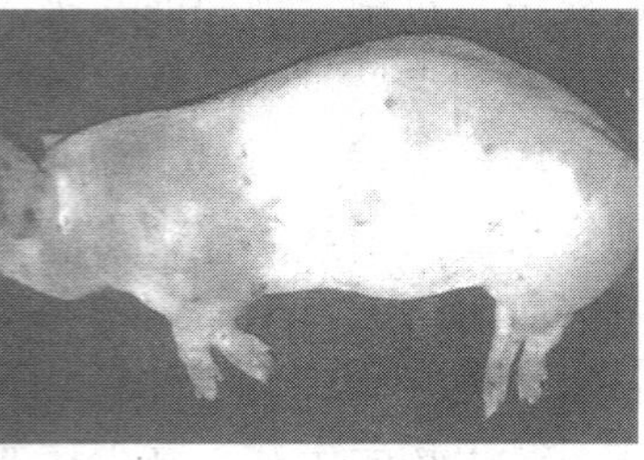

图 3-10　病猪体表大面积的瘀血和瘀斑，四肢末端、耳朵和胸背的皮肤呈紫色

②特征性病变主要在包括胸膜、腹膜、心包膜、脑膜和关节滑膜出现浆膜炎，有浆液性、化脓性纤维蛋白渗出（图 3-11）。渗出的纤维在心外膜形成一层灰白色的绒毛，可发生心包粘连。胸腔中渗出液中的纤维蛋白常在胸膜表面和心外膜上析出，形成一层纤维素性假膜，继之可机化并发生粘连。肺脏瘀血、水肿，表面常被覆薄层纤维蛋白膜，并常与胸壁发生粘连。关节炎表现为关节周围组织发炎和水肿，关节囊肿大，关节液增多、浑浊，内含呈黄绿色的纤维素性化脓性渗出物（图 3-12）。发生纤维素性化脓性脑膜炎时，蛛网膜腔内积蓄有纤维素性化脓性渗出物而致脑髓液变为浑浊。脑软膜充血、瘀血和轻度出血，脑回变得扁平，脑膜与头骨的内膜以及脑实质之间粘连。

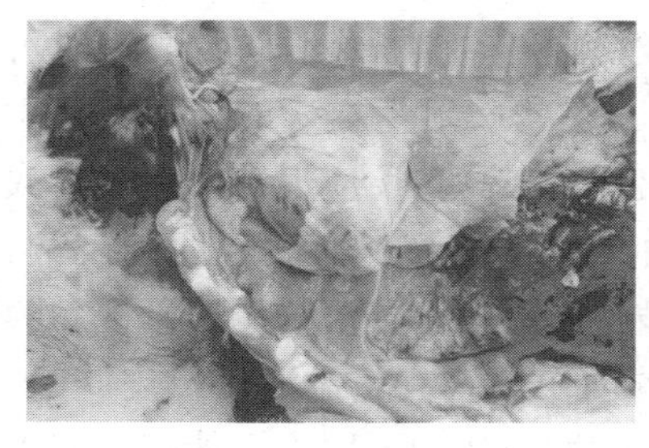

图 3-11　心包膜浆液性和化脓性纤维蛋白渗出物

图 3-12　病猪的关节滑腔液增多

③其他眼观病变表现为肺、肝、脾、肾充血与局灶性出血，以及淋巴结肿胀等。

58. 怎样防治副猪嗜血杆菌病？

(1) 加强猪场环境卫生管理　消毒前对猪舍棚顶的灰尘一定要清扫干净之后再消毒。猪舍内排粪沟应及时清除、消毒，对场内的老鼠、苍蝇、猪体上的疥螨进行杀灭，切断病原的传播。对猪舍及周围的环境、道路等进行全面彻底的清理和消毒，在管理上最好实行“全进全出制”；对发病的猪场要全面消毒，隔离病猪，彻底清理猪舍卫生，用火焰喷灯喷射猪圈地面和墙壁，再用消毒剂喷雾消毒，每天早晚各1次，连续喷雾消毒4天，料槽、水槽用具用2%氢氧化钠溶液洗刷，然后再用清水冲洗。

(2) 保持猪舍的保温和通风　在寒冷季节一定要注意猪舍的保温和通风工作。潮湿是副猪嗜血杆菌病发生的最大诱因。所以在饲养管理上一定要加强通风，降低湿度，疏散猪群，减小密度，同时对刚断奶的小猪做好保温工作。

(3) 减少应激　长途运输的仔猪要注射副猪嗜血杆菌的疫苗；尽量减少长途运输过程中仔猪的疲劳；在运输前和混圈饲养后饲料和饮水中添加电解多维，以预防本病的发生。当气温骤变、长途运输时，可提前给猪群投喂预防剂量的抗生素（如复方阿莫西林、氟苯尼考等），对预防本病发生有一定的作用。新引进猪群时，应先隔离饲养2个月左右，以防止引种感染；要减少断奶、转群、换料等多重应激。

(4) 防治　疫苗接种是预防副猪嗜血杆菌病的一种有效的方法，初产猪产前40天一免，产前20天二免，以后每次产前30天免疫一次。猪只一旦出现感染，注射给药是最好的用药途径，口服给药效果不佳。本病的治疗药物，首选盐酸克林霉素注射液，肌内注射，每天1次，连用2天；病猪出现张口呼吸症状，用氟苯尼考注射液，肌内注射1次，2天之后再用药1次。

(5) 加强饲养管理　做好其他病毒病，如蓝耳病、猪瘟、圆环病毒病等病毒性疾病的预防和控制工作。有发生过该病的猪场，要在饲料中添加预防药物。特别是产前产后一周的母猪料、乳猪料、保育猪料中添加预防性药物（环丙沙星、泰妙菌素等）。

59. 怎样防治李氏杆菌病？

猪李氏杆菌病是由单核细胞李氏杆菌引起的一种散发性传染病。常呈散发性或地方流行性，多在冬季和春季流行。

（1）临床症状　病猪症状主要分为以下两种类型。

①神经型：急性病例猪突然尖叫，全身均衡失调，作圆圈运动或无目的的行走，头颈及前肢强直痉挛，躺地后四肢呈游泳姿势划动。神经型的病猪，在发病初期运动失常，常作同一方向的圆圈运动，或前冲后撞，或以头抵地而不动。有的头颈后仰，前肢或四肢张开，肌肉震颤、强硬，特别在颈部和颊部更为明显。出现阵发性痉挛，口吐白沫，横卧在地，四肢乱爬。也有的病例病初就发生两前肢或四肢麻痹，不能起立，病程可达 1 个月以上。有的后肢麻痹，颤抖、痉挛，体温不定，有的正常，有的可高达 42℃。仔猪死亡率高。

②败血型：急性病例仔猪，体温高达 42℃，食欲减退或不食，精神委顿，伴有咳嗽，下痢，耳、腹部皮肤发紫，呼吸困难，可显现卡他性肺炎，一般 1～3 天内死亡。慢性病例成猪，体温低于常温，贫血，消瘦，由于长期减食，表现极度虚弱，气喘，怀孕母猪可流产，病程可拖至 3～4 周。

该病临床上以神经型多见。妊娠母猪，无明显症状而发生流产。幼龄猪常发生败血症，可见体温升高，拒食，口渴，有的咳嗽、腹泻、皮疹及呼吸困难，病程 1～3 天即死亡。

（2）剖检症状

①神经症状的病猪，脑及脑膜充血、水肿，脑脊髓液增多且混浊。

②败血型的没有特征性变化，心内外膜、肾包膜、腹膜及肠黏膜出血，胃肠黏膜充血、肿胀，肠系膜淋巴结肿大。流产的母猪可见子宫内膜充血和坏死。

(3) 防治措施

①目前，本病无预防的疫苗。预防本病应着重搞好环境卫生，粪便无害化处理，消灭鼠类，及时驱除寄生虫，增强猪只抵抗力。病猪尸体一律深埋，污染的饮水做好消毒。

②治疗：早期大剂量应用磺胺类药物，或与青霉素、四环素并用，效果较好。对病猪可用20%磺胺嘧啶钠注射液5～10毫升，肌内注射，一天2次，连用3～5天；或用复方新诺明注射液10～30毫升，肌内注射，一天2次，连用3～5天；盐酸金霉素粉，每千克体重20～50毫克，分两次灌服；对早期的病猪可试用金霉素、红霉素合剂量连续使用，效果较好。

60. 怎样防治布氏杆菌病？

(1) 危害和传染途径 布氏杆菌病是一种人畜共患的慢性传染病。它主要侵害生殖系统，母猪发生流产和不孕，公猪可引起睾丸炎。本病分布很广，可严重损害人畜健康。猪布氏杆菌病的病原体是猪布氏杆菌，可使猪发生全身性感染，并引起繁殖障碍。本病的传染途径是消化道、生殖器官、皮肤和黏膜。主要的传染途径如下：

①病猪流产时，胎儿、胎衣及子宫分泌物中有大量病菌，污染了的饲料、饮水、猪圈及用具都能传染本病。

②母猪的乳汁含有病菌，可传染给小猪。

③病猪的尿及粪便中有病菌存在，如果污染饲料或饮水，可传染本病。

④种公猪和患病母猪交配时，也能传染本病；若再和其他健康母猪交配时，便扩大了传染。

⑤病菌进入健康猪皮肤伤口处或眼结膜及带菌吸血昆虫的咬刺，也能感染本病。

(2) 临床症状 本病发生后，母猪主要表现为流产、死产、子宫炎、后躯麻痹和跛行。病猪流产一般发生在怀孕后2～3个月。流产前的症状为腹泻，乳房及阴唇肿大，阴道有分泌物流出，食欲不佳，精神沉郁；流产后胎衣难下，也有少数胎衣不下，发生子宫炎，因而引起母猪不孕症。病轻的母猪虽能产出胎儿，但仔猪体质虚弱，多在数天内死亡。病猪流产后，常侵害关节和引起化脓及坏死性关节炎，出现跛行。公猪患病后睾丸两侧或单侧明显肿大（图 3-13）；病期长的会引起睾丸萎缩，性欲减退，甚至阳痿。

图 3-13　患病公猪睾丸两侧或单侧明显肿大

（3）防治措施　可根据不同情况采取相应措施。

①清净地区，主要预防由于引进带菌动物或运入被污染的畜产品和饲料而使本病带入。对引入的种畜或家畜做好检疫，确实健康的方可使用或并入畜群。

②受威胁地区，进行免疫接种。可用布氏杆菌猪型Ⅱ号弱毒活菌苗注射，按瓶签上注明的活菌数，用无菌生理盐水稀释成每毫升含活菌量 100 亿，大猪皮下注射 4 毫升，小猪皮下注射 2 毫升，免疫期为 1 年。

③在疫区，以防止传播，逐步肃清，就地扑灭为原则。抓好定期检疫，隔离消毒，杀虫灭鼠，对病畜淘汰，进行无害化处理和免疫接种，以达到净化的目的。

④做好猪场饲养员、兽医等相关人员的卫生预防，避免布氏杆菌感染人。

61. 怎样防治猪丹毒？

猪丹毒是丹毒杆菌引起猪的一种急性、热性传染病。全国各地均有发生，一年四季均能发病。

（1）病原　猪丹毒杆菌是一种平直或稍弯曲纤细小杆菌，对外环境抵抗力强，在猪肉中能存活数月。

（2）临床症状　急性，猪突然发病，次日凌晨死亡。相继发病猪，体温高达 42℃。食欲不振，精神沉郁、横卧，中小猪得病后呕

吐、结膜潮红、行走不稳。于背、胸、四肢四侧等有红斑，俗称“打火印”（图 3-14）。亚急性，除有上述症状外，在全身很多部位出现很多难看的疹块，有凸硬感（图 3-15），死亡率低。慢性由急性转变而来，主要表现关节炎、跛行，发生在跗关节或腕关节则病肢不能行走。

（3）防治　使用猪丹毒氢氧化铝甲醛菌苗预防接种，断奶后每头 5 毫升肌内注射，6 个月后加强免疫。药物治疗：青霉素按每千克体重 2 万单位肌内注射，一天注射 2 次；同时注射复方氨基比林，每头 5～10 毫升；病猪按体重给药，每千克体重用2 万～3 万单位（20 毫克）的四环素或土霉素，一天 1～2 次；肌内注射 10％磺胺嘧啶钠，每头猪 40 毫升，一天 1 次。

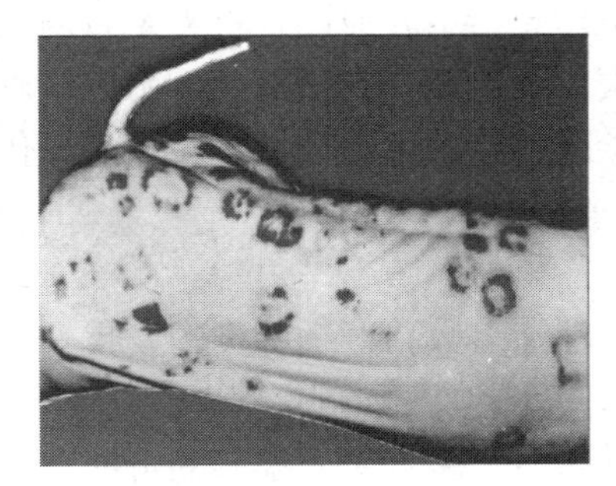

图 3-14　猪丹毒，皮肤上面“打火印”

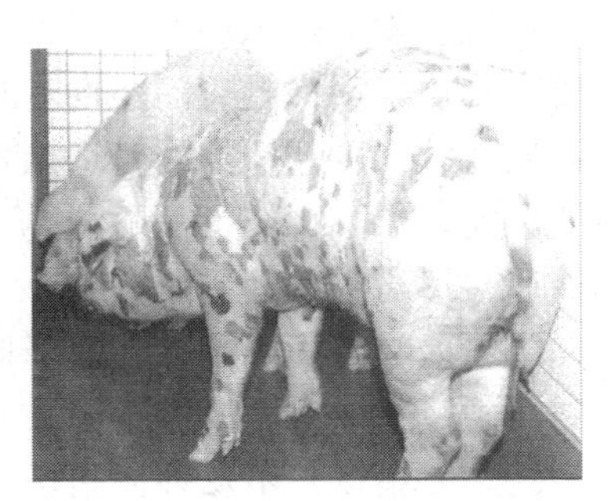

图 3-15　病猪身上布满陈旧的暗褐色斑疹，并有结痂形成

62. 猪肺疫的主要临床表现有哪些？

猪肺疫是由多杀性巴氏杆菌引起的一种急性传染病，俗称锁喉疯。特征是呈现出急性败血症的变化，咽喉部肿胀、呼吸困难和急性纤维素性胸膜肺炎。

（1）病原　革兰氏阴性球杆菌，该菌是兼性厌氧菌，在大多数培养基上生长良好，用美蓝或瑞氏染色呈明显的两极性着色。

（2）流行　猪肺疫一般为散发，无明显的季节性，但雨季发生较多，并可呈现地方性流行。长途运输、气温骤变、营养不良等因素可诱发该病。

（3）临床症状 分为急性型和慢性型两种。最急性的常表现为突然死亡，全身呈败血症变化，纤维素性胸膜肺炎，呼吸困难、痉挛性干咳等症状。慢性的则多见于流行的后期，主要表现为慢性肺炎和慢性胃肠炎。

（4）诊断 猪肺疫以中小猪发病较多，参考发病季节、临床表现（高热、咽喉部肿胀、呼吸困难）以及剖检时的败血症变化和纤维素性肺炎即能确诊。必要时作细菌学检查。

63. 如何防治猪肺疫？

用抗生素治疗该病的效果不是很理想。主要原因，首先是致病菌株对多种抗生素都具有耐药性；其次，抗生素在发生病变的肺脏很难达到有效的浓度。适当的管理能直接改善猪的生活环境，减少病原传播的可能。

（1）适当的管理措施

①早期隔离断奶，能有效降低或消除多数猪群中肺炎的发生。

②规模猪场实施全进全出。

③封闭猪场，不从外面猪场引进猪只，减少引入疾病的可能。

④减少猪群的混养和分类，混养和分类能增加猪群应激的几率，加大疾病传播的可能。

⑤降低猪舍和围栏的面积，有资料报道小面积的猪舍和围栏能够降低该病的发生。

⑥降低猪群的饲养密度，建立一个合理的饲养方案。

（2）疫苗接种 目前有几种用来预防该病的灭活疫苗，但是免疫效果不确实，主要有猪肺疫氢氧化铝甲醛菌苗，猪瘟、猪丹毒、猪肺疫三联苗和猪肺疫口服弱毒疫苗。前二者皮下或肌内注射后，14 天即可产生免疫力，后者口服后 7 天即可产生免疫力。三者免疫期均在半年以上，每年免疫 2 次。

（3）药物预防和治疗 抗生素的治疗效果取决于多杀性巴氏杆菌对抗生素的敏感性。用抗生素能有效地预防猪肺疫的发生，预防效果比治疗效果好。

①四环素或四环素与磺胺嘧啶可以作为预防用药，在长途运输、转群、天气剧变之前饲料中添加，连用3～5天。

②治疗药物选用头孢菌素类和恩诺沙星。

64. 仔猪副伤寒的主要临床表现及病理特征有哪些?

猪副伤寒又称猪沙门氏菌病，主要是由猪霍乱和猪伤寒沙门氏菌引起，2～4月龄仔猪最易感染。初春时节气候多变，温度变化明显，养殖环境稍有不宜，容易引发本病，必须认真加以防治。

（1）临床症状　仔猪副伤寒临床上有两种类型。

①急性败血型：常见断奶前后的仔猪，突然高烧、精神不振，在短时间内迅速死亡。病程稍长的可见耳朵呈蓝紫色，排出淡黄色或黄绿色恶臭粪便。少数可见便秘。病程一般2～3天。死前胸腹、四肢皮肤有蓝紫色出血斑。此型很易误诊为猪瘟（精神更委顿，鼻更干燥）。

②慢性肠炎型：临床最常见。病猪体温升高40℃以上，排泄灰色、灰白色或黄绿色水样粪便，气味恶臭并混有大量坏死组织和纤维状物。病猪严重消瘦，被毛粗乱（图3-16）。后期常发生肺部严重感染。临死前皮肤出现紫斑。病程可持续数周。

（2）病理变化　慢性型的主要病变在盲肠和大结肠上，可见肠壁淋巴结肿胀、坏死和溃疡，表面被覆有灰黄色麸皮样物质，肝脏及肠系膜淋巴结肿大（图3-17），常见到针尖大或粟粒大灰白色的坏死灶，这是仔猪副伤寒的特征性病变。

图3-16　病猪严重消瘦，被毛粗乱

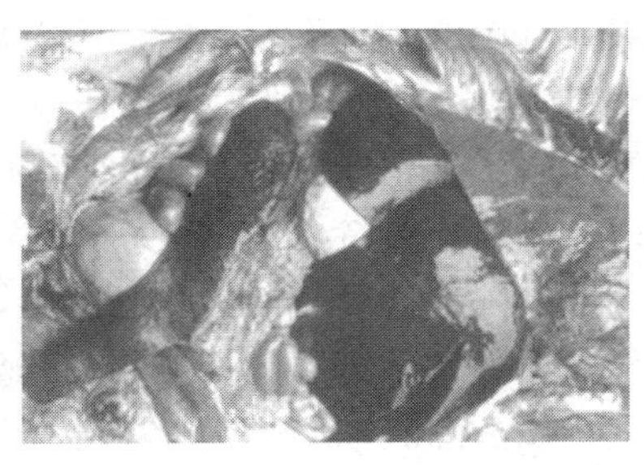

图3-17　肝脏肿大，表面有针尖大或粟粒大灰白色的坏死灶

65. 预防仔猪副伤寒有哪些措施？

（1）预防措施

①初春温度变化不定，要注意仔猪圈舍的保暖，中午仔猪可适当晒太阳；圈舍保持清洁干燥，食槽要经常洗刷，粪便发酵处理。

②加强饲养管理，初生仔猪应争取早吃初乳，并提前补料，以防乱吃脏物，断奶分群时，不要突然改变环境，猪群尽量分小一些。

③仔猪断奶前后（1 月龄以上），口服仔猪副伤寒弱毒冻干苗进行预防。

④较大规模养猪场发病后，应将病猪隔离治疗，猪舍彻底消毒。未发病的猪可用药物预防，在每吨饲料中加入金霉素 100 克，可起一定的预防作用。

（2）治疗方法

①土霉素、新霉素等抗生素口服或注射使用。

②复方新诺明，每天每千克体重 70 毫克，首次加倍，分 2 次口服，连用 3～7 天。

③大蒜 5～25 克捣成蒜泥内服，每天 3 次，连服 4～6 天。

66. 猪链球菌病的流行特点是什么？

猪链球菌病在猪群的流行情况、发病率及死亡率均有很大差别。美英等国的调查表明，发病率可以小于 1%直至大于 50%，但一般不超过 5%，卫生条件差及存在并发感染时则导致发病率升高。我国的发病率虽无精确统计，但据认为在暴发时可超过 50%，一般持续流行数周。流行特点为：

（1）任何日龄的猪均可感染，但大多在 4～12 周龄的仔猪暴发流行，饲养条件极差的饲养户及养猪场尤为严重。断奶及混群时期往往是发病的高峰期。

（2）引入带菌猪可导致全群发病。带菌猪可不表现任何症状，也可能是病愈猪症状消失成为带菌者。关于带菌率、感染水平及发病情

况迄今未弄清它们之间的关系，带菌率并不能作为是否发病的指标，即使带菌率高达100%，该猪群的发病率也可能低于5%，但是发病情况与带菌率有相关性。

（3）母猪可能成为传染源，其子宫或产道可能带菌，仔猪可在出生前或出生时经产道感染。猪链球菌的入侵门户通常为口、鼻腔而后在扁桃体定居繁殖。可从亚临床带菌猪的鼻腔及生殖道检出该菌，已证实此种带菌在传播疾病方面发挥很大作用。

（4）应激可激发猪链球菌Ⅱ型感染，拥挤、通风不良、气候骤变、混群运输、免疫注射及混合感染均是应激因子，高密度的养猪场表现尤为明显。昆虫媒介在传播疾病方面可能发挥作用，家蝇可带Ⅱ型菌5天，并在不同猪场飞来飞去。老鼠可经口服或鼻腔人工感染，并可传染未接种鼠，推测在鼠与猪之间可能发生疫病的自然传播。另外，牛、羊、马、猫、犬等动物都可以携带猪链球菌，并且有时也会偶尔引发疾病，这些动物在疾病的传播中也可起作用。

（5）人的感染是通过与病猪接触而传染的，主要经消化道、呼吸道及伤口侵入人体而感染发病，未发现人与人之间的传播。中国（包括台湾）、泰国、奥地利等国有报道此菌致人脑膜炎等症状，病人有的死亡，有的经治疗后，虽没有危及生命，但却导致永久性耳聋等后遗症，病人大多直接与猪或野猪有接触，且皮肤有伤口。

67. 猪链球菌病有哪些主要临床表现和眼观病变？

（1）主要临床症状　链球菌病的症状可分为急性败血症、脑膜炎、关节炎和化脓性淋巴结炎四种类型。而实际生产中前3种往往混合表现。

①急性败血症型：主要发生在哺乳仔猪和断奶后仔猪。流行初期的最急性病例有的猪往往不见任何症状但突然死亡。稍缓的病例也仅见精神不振，温度升高至41℃以上，有的来不及治疗便突然死亡。死猪腹下可见紫色出血斑。在急性死亡的猪中有的可见脑膜脑炎症状。一般急性病猪，病程2～5天不等，病猪温度升高达41℃以上，稽留不退，食欲常废绝，眼结膜潮红，呼吸急迫，流浆液性鼻液，腹

下、四肢、耳端及背部可见出血或瘀血斑（图 3-18），病猪常见腹泻便秘，尿色黄或发生血尿。一般经过 1～2 天后，部分病猪可出现关节炎和脑膜脑炎症状。

②脑膜脑炎型：多发生在哺乳仔猪和断奶仔猪，呈败血症变化。病初体温不高，不食，便秘，有浆液性或黏液性鼻液。继而出现神经症状，主要表现为运动失调，转圈，空嚼，磨牙，仰卧，直至后躯麻痹，突然倒地，口吐白沫，四肢呈游泳状划动，继之可见昏迷不醒、麻痹而死。有的可表现共济失调、盲目转圈，最后衰竭麻痹而死。

③关节炎型（图 3-19）：主要表现一肢或几肢的关节高度肿胀、发硬，勉强站立，行走困难或不能行走，有的可见卧地不起，临床上常见败血症表现。若为单独的关节炎型，病猪往往仍有食欲，若治疗不及时，患猪病肢常见关节化脓或纤维素性增生而丧失肢体功能，病程较长猪可表现逐渐消瘦，病程经 2～3 周康复或死亡。

图 3-18　颈部、耳廓、腹下及四肢下端皮肤呈紫红色，有出血点

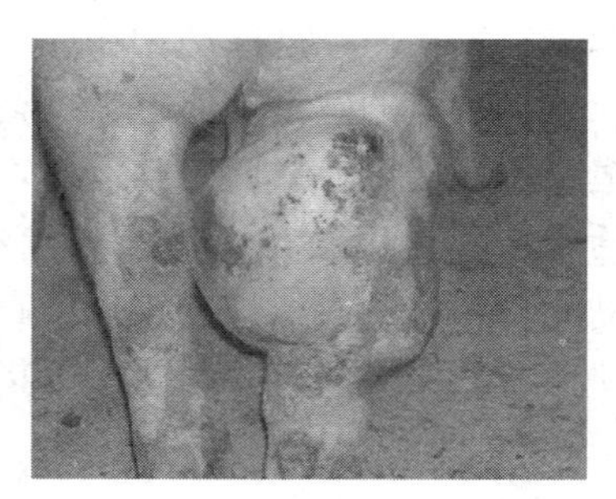

图 3-19　病猪关节肿胀、跛行

④化脓性淋巴结型：本型病例多见于架子猪，主要表现猪的颈部、颌下以及腹部的淋巴结肿大化脓，其临床症状因脓肿所发生的部位不同而表现出相应部位的机能障碍等。一旦脓肿破溃，症状可明显减轻，病程一般 3 周左右或更长。

（2）病理变化

①超急性和急性感染猪链球菌而引起死亡的猪通常没有肉眼可见的病变，部分表现为脑膜炎的病猪可见脑脊膜、淋巴结及肺充血（图 3-20）。

②在关节炎的病例中，最早见到的变化是滑膜血管的扩张和充血，关节表面可能出现纤维蛋白性多发性浆膜炎。受影响的关节，囊壁可能增厚，滑膜形成红斑，滑液量增加。

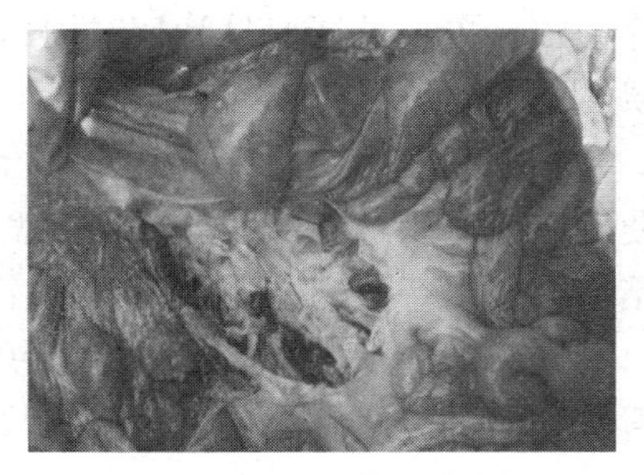
图 3-20　肠系膜淋巴结肿大呈深紫色

③心脏损害包括纤维蛋白性化脓性心包炎、机械性心瓣膜心内膜炎、出血性心肌炎。

④猪链球菌感染普遍引起肺脏实质性病变，包括纤维素出血性和间质纤维素性肺炎，纤维素性或化脓性支气管肺炎。另外，猪链球菌还可以引起猪的败血症，全身脏器往往会出现充血或出血现象。

68. 如何防治猪链球菌病?

(1) 预防

①本病预防要切实做好猪舍的卫生消毒工作。

②消除圈舍内一切可引起猪外伤的不利因素，如圈平滑、尖石、咬伤等。对于带菌猪应及时隔离治疗。

③未能及时免疫的猪群，应及时投服药物进行预防。一般常用药物以四环素较为普遍，可通过拌料投服。也可预防性肌内注射青霉素、链霉素等药物。

④猪链球菌苗目前有弱毒苗和氢氧化铝灭活苗。弱毒苗适用于健康的断奶仔猪和成年猪，每头皮下或肌内注射 1 毫升，免疫期半年。灭活苗比较安全，每头注射 3～5 毫升，免疫期也可保持半年。种猪可在春、秋各进行一次防疫。

(2) 治疗措施　猪链球菌病的治疗药物很多，青霉素、链霉素、土霉素类、卡那霉素、磺胺类、喹诺酮类、头孢菌素类等都有很好的治疗效果。但是从近几年发病情况看，此病的治疗效果不太理想，经药物敏感试验证实，链球菌对多种药物都产生了抗药性，以致造成治疗失败。再一种情况是治疗时用药量太小，错过了最佳治疗时机，延误了病情。

及早确诊病情以后，尽快进行治疗。治疗用药剂量要足，并尽量使用以前未用过的药物。对于大型猪场最好进行药敏试验。根据试验结果，选出特效药物进行全身治疗。

局部治疗：先将局部溃烂组织剥离，脓肿应予切开，清除脓汁，清洗和消毒。然后用抗生素或磺胺类药物以悬液、软膏或粉剂置入患处。必要时可施以包扎。

69. 猪链球菌病与饲养管理有什么关系?

猪链球菌病是猪的常发传染病之一，对养猪业危害很大。各种日龄的猪都可感染，特别是在饲养管理不善的规模化猪场，猪舍封闭、饲养密度大、通风不良、阉割和注射消毒不严时常可诱发本病。

（1）营养不良是猪链球菌病的诱因之一　尤其是在断奶后的仔猪阶段。由于在营养应激作用下，仔猪出现虚弱、没有活力，摄入营养量不足，消化不良，抗病和免疫力低下。

（2）圈舍卫生条件　猪舍内卫生差也容易使猪群感染链球菌病。为了有效地预防猪链球菌病的发生，要定期进行严格的消毒工作，保持猪舍和场地环境清洁，以减少发病或减轻病症。

（3）猪舍内空气质量　猪舍内空气中含有毒有害气体高时，也易发该病，猪舍要及时通风，保持空气新鲜。

（4）猪舍温度　寒冷对刚出生仔猪的危害极大，是仔猪关节炎型链球菌病的主要诱因。由于新生仔猪的大脑皮层发育不完全，调节体温的能力还比较差，对环境温度的变化非常敏感，因此对刚出生仔猪做好防寒、保温工作，也是预防猪链球菌病的一个很关键性的环节。

70. 如何防治猪梭菌性肠炎?

猪梭菌性肠炎是一种高度致死性的坏死性肠炎，以仔猪发病为主，亦称仔猪红痢。主要表现为出血性下痢、肠坏死，病程短，病死

率高。

（1）治疗方法

①将发病仔猪及时隔离，病情严重者予以淘汰。对病情轻者，以清热解毒、燥湿健脾、凉血止痢为治则。处方用自拟白头翁汤（白头翁、瞿麦、黄连、黄芩、地榆、诃子、白术、苍术各20克，甘草10克，供10头仔猪服用）。

②对刚出生的仔猪，立即用自拟白头翁汤加减（白头翁、瞿麦、黄连、黄芩、大黄、诃子、白术各20克，甘草10克，供10头仔猪服用）进行预防性口服，日服1剂，水煎2次，待凉时让仔猪饮服或灌服2次，连服2剂。

（2）预防

①最有效的办法是给怀孕母猪注射C型魏氏梭菌福尔马林氢氧化铝类毒素，在临产前1个月肌内注射5毫升，2周后再注8毫升，使母猪免疫，出生仔猪通过吮吸初乳可获得被动免疫。仔猪出生后注射抗猪红痢血清，每千克体重肌内注射3毫升，可获得充分保护，但注射要早，否则效果不佳。

②对猪舍及其周围环境用1∶200倍百毒杀稀释液进行全面彻底消毒，尤其将产房清扫干净、消毒，当日消毒1次，隔日1次，连续消毒5次。母猪临产前做好接产准备工作，母猪奶头用0.1%的高锰酸钾溶液擦洗干净，以减少本病的发生和传播。

③要加强饲养管理。保持环境温度的稳定和安静，不要突然更换饲料。在饲料中添加微量元素硒和维生素D，适当提高其酸合力，有助于预防本病。

④将病死仔猪一律深埋、消毒、无害化处理，以避免传染源的蔓延与传播。

71. 猪发生渗出性皮炎的原因有哪些?

猪渗出性皮炎主要由葡萄球菌引起。葡萄球菌为革兰氏阳性、条件致病菌，常寄居于皮肤、黏膜上，当动物机体的抵抗力降低或皮肤、黏膜破损时，病菌便乘虚而入。

葡萄球菌是猪常见的一种共栖菌，经常可从健康猪鼻黏膜、结膜、耳朵或鼻、口部皮肤以及在小母猪和母猪的生殖道内分离到该菌，当饲养环境发生变化时或引起免疫抑制的因素（转群、断奶、混群饲料突然改变或通风不良、免疫抑制性疾病）存在时，会导致该病的发生。

（1）发病特点

①猪葡萄球菌病的发生和流行无明显的季节性，一年四季均有发生。

②该病痊愈后严重影响仔猪的生长速度，造成巨大的经济损失。

③该病主要感染1～5周龄的仔猪，但强毒株也能造成更大的猪发病。

④仔猪出生时可通过母猪生殖道感染，当饲养环境变化时特别是皮肤损伤时更容易感染发病。

⑤仔猪感染后首先是感染部位发生红斑，然后有皮脂样渗出，随之发展至全身，最后形成皮痂并脱落。

⑥该菌常被看成是一种继发性病原菌，有其他疾病如蓝耳病、猪瘟以及猪伪狂犬病等感染时，可以加剧临床症状。

（2）传播途径 带菌猪是该病的主要传染源，该病原菌的传播可能是通过直接皮肤接触，间接接触污染的墙壁和用具，该菌在感染猪舍空气中浓度可达2.5×10^4/米^3，表明该菌可以通过空气传播。

72. 初生仔猪为什么容易发生渗出性皮炎?

（1）主要原因 因猪场饲养管理不当，卫生条件较差，环境消毒不彻底，猪舍内温湿度适应病原菌（葡萄球菌、疥螨等）的繁殖，则猪只生存的周边环境中就会含有大量的病原菌；同时因各种应激因素的刺激，猪只的抵抗力也会逐渐下降。

（2）次要原因

①仔猪在剪牙、断尾、断脐、打耳号、去势等环节中，用具消毒不彻底、操作不科学。

②母猪感染疥螨严重。

③仔猪在相互斗殴中，咬伤皮肤，或在活动中摩擦碰伤皮肤。

73. 如何防治猪渗出性皮炎？

（1）加强消毒工作，搞好环境卫生，减少病原菌对猪群和栏舍的污染

①空栏用3%烧碱水溶液喷湿后冲洗干净，经火焰消毒后用1∶500的百毒杀液喷雾消毒备用。分娩舍每周消毒由原来1次改为2次，消毒时彻底喷雾（铁栏挂有水珠），消完毒后加强仔猪保护并通风除湿。

②冬春季节加强种猪群体表驱虫，杜绝疥螨病通过母猪传染给仔猪。

③全场种猪每月用螨净（1∶1 000）全群喷洒2次，间隔15天喷1次，进行体表驱虫（哺乳母猪和哺乳仔猪除外）。

④临产母猪进产房前提前7天用倍特（1∶1 000）对体表进行喷雾，特别是耳朵、腋窝、腹部及股内侧的隐蔽部位，进产房时再用百毒杀（1∶500）消毒。

⑤临产母猪进产房前2周进行体内外驱虫。虽然猪场实行种猪群每年群驱虫3次，间隔4个月1次，但考虑到冬春季节螨病较多，猪场内仔猪渗出性皮炎又严重，故对驱虫间隔1个月以上的临产母猪在妊娠14周时再体内外驱虫1次，即用0.2%的伊维菌素粉（按每千克体重300微克计算）拌料饲喂1次。

⑥临产母猪进产房后2～3天，在母猪未分娩前，再用倍特（1∶10 000），对整个分娩舍空间连用母猪群作最后1次喷雾，净化环境和猪群。

（2）加强饲养管理，减少仔猪创伤感染的机会

①仔猪断尾、断脐、打耳号、阉割的用具用百毒杀浸泡消毒，伤口用碘酒消毒，减少细菌感染的机会。

②仔猪生后皮肤较嫩，部分仔猪常跪着吃奶，膝关节处皮肤损伤严重，特别是新建猪场，产床比较粗糙，关节皮肤损伤尤其明显，故对粗糙的产床用砂轮磨平。

③减少仔猪打架：由于环境和猪只日常行为的影响，个别窝的仔猪经常发生打架，尤其是15日龄以后的仔猪更加明显，除了要求剪牙长度平整外（剪牙钳紧贴牙龈处剪牙），对打架窝的仔猪可用胶管或编织袋悬挂在产床上，转移仔猪注意力，并用气味较浓的过氧乙酸喷雾全窝仔猪，对个别凶猛仔猪要涂在其鼻盘上，可减少打架发生。对打架造成皮肤严重损伤的仔猪，及时涂擦碘酒并注射阿莫西林。

（3）治疗措施

①选用敏感药物：通过药敏试验，阿莫西林高度敏感，环丙沙星次之，青霉素不敏感。

②平时注意多观察，一旦发现仔猪有伤口感染发炎，要及时用5%的碘酒涂擦，并用阿莫西林注射，1天1次，连用5天。

③皮肤有痂皮的仔猪用45℃的0.1%高锰酸钾水或1∶500的百毒杀浸泡5～10分钟，待痂皮发软后用毛刷擦拭干净，剥去痂皮，有伤口的涂上碘酒并注射阿莫西林，加强保温，1天1次，连续3天。

④产房仔猪断奶后采食量逐渐上升，把渗出性皮炎严重的猪只集中饲养，在饲料中拌入0.3%的阿莫西林连喂1周，并同时用复合维生素B加补液盐饮水一周。

⑤个别严重感染的仔猪，整个猪身结痂变黑（像个刺猬）。实践证明治疗无效果，建议及时淘汰，减少环境污染。

74. 猪坏死杆菌病的临床表现是什么？怎样防治？

猪坏死杆菌病病原是坏死杆菌，特征是受到损伤的皮肤和皮下组织、口腔黏膜或胃肠黏膜发生坏死，本病多发生于收购场或猪集散临时棚圈。化脓放线菌、葡萄球菌等常起协同致病作用。

（1）临床症状

①坏死性口炎：在唇、舌、咽和附近的组织发生坏死。或扁桃体有明显的溃疡，上有假膜和痂块，去掉假膜有干酪样渗出物和坏死组织，有恶臭，同时呈现食欲消失，全身衰弱，经5～20天死亡。

②坏死性鼻炎：病变部在鼻软骨、鼻骨、鼻黏膜表面出现溃疡与化脓，病变可延伸到支气管和肺。

③坏死性皮炎：发病以成年猪为主，但坏死病灶也可发生于哺乳仔猪身体任何部位，有时发生尾巴脱落现象。常发生在皮下脂肪较多处，如颈部、臀部、胸腹侧等，发生坏死性溃疡。病初创口较小，并附有少量脓汁，以后坏死向深处发展，并迅速扩大，形成创口小而囊腔深大的坏死灶。流出少量黄色稀薄、恶臭的液体，坏死部分无痛感，坏死区一般4～5处，母猪的坏死区常在乳房附近。

④坏死性肠炎：多发生于仔猪，刚脱奶不久的猪，若喂粗糙的饲料如粗糠等易发病，一般肠黏膜有坏死性溃疡，病猪出现腹泻、虚弱、神经症状，死亡的居多。

(2) 治疗措施　彻底清除坏死组织，直至露出红色创面为止。用0.1%高锰酸钾或3%过氧化氢冲洗患部，然后撒消炎粉于创面或涂擦10%甲醛溶液直至创面呈黄白色为止，或用木焦油或5%碘酊涂擦患部。治疗之前，先把患部切开，清除坏死组织，然后再选用如下方剂治疗。

①用滚热植物油（最好是桐油）适量趁热灌入创内，再在患部撒上薄薄一层新石灰粉，隔1～2天治疗1次，一般处理2～3次即愈。

②红砒80份、枯矾18份、冰片2份，混合研为细粉，除去坏死组织后撒布患部。

③雄黄1份，陈石灰3份，研末，加桐油调匀，塞入患部。

75. 仔猪红痢的发病原因是什么？怎样防治？

(1) 病因　该病是由C型魏氏梭菌的外毒素引起的，主要发生于1周龄以内的仔猪，以1～3日龄新生仔猪多见，偶尔发生于2～4周龄以下的仔猪。任何品种的猪都易感，凡产仔猪的时候都可发生。经消化道传染。

(2) 临床症状　该病潜伏期很短，仔猪出生后几小时、十几小时至1天，突然下痢，呈红色，内含有灰色坏死组织碎片。不吃奶，消瘦，衰弱，被毛无光，倒地抽搐而很快死亡。由于魏氏梭菌广泛存在于人畜肠道、土壤、下水道及尘埃中，饲养条件不良时常引发本病。

(3) 治疗措施

①加强饲养管理，对猪舍、场地、环境经常进行清洁卫生和消毒，特别是产房更为重要。接生前母猪的奶头要清洗消毒。可在母猪产前1个月和半个月各肌内注射仔猪红痢灭活菌苗1次，每次5～10毫升。

②由于本病发生迅速，病程短，发病后用药治疗疗效不佳，必要时用抗生素对刚出生仔猪立即口服，每日2～3次，作为紧急药物预防。

③发病时口服多维电解质溶液，同时用抗生素注射治疗有一定疗效。

(4) 预防接种

①仔猪肠毒血症C型干粉菌苗：用氢氧化铝生理盐水稀释，按标签说明，每头每次2毫升，肌内注射，妊娠母猪初次注射，需两次，第1次在产前1个月，第2次在产前15天。如果妊娠母猪曾经注射过本菌苗，可在产前15天只注射1次。

②自输血清：对发病仔猪的大母猪采血500毫升，制出血清备用。其他母猪分娩，所产仔猪才出生，便对每头仔猪皮下或肌内注射3毫升血清，有良好的预防作用。

③青霉素10万国际单位和链霉素100毫克，新生仔猪未吃母乳之前，一次内服，有明显的预防效果。

④恩诺沙星用于预防，口服剂，每头仔猪2毫克。

⑤消毒：猪舍保持清洁卫生，定期消毒，杀灭病原体。母猪产仔时，奶头用水清洗，并用0.1%高锰酸钾液擦洗消毒，可减少发病。

76. 如何防治猪萎缩性鼻炎?

(1) 病因 猪萎缩性鼻炎主要是由支气管败血性波氏杆菌和产毒多杀性巴氏杆菌引起的猪的一种慢性呼吸道疾病。不同年龄的猪均有易感性，而以幼猪的病变最为明显。病猪、带菌猪经呼吸道将病原体传给仔猪。只有生后几天至几周的仔猪感染后才能产生鼻甲骨萎缩(图3-21)。成年猪感染后看不到症状，而成为带菌猪。

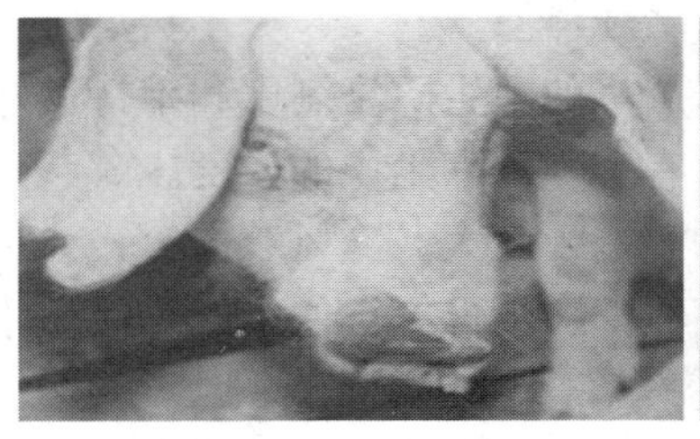

图 3-21　感染猪鼻甲骨萎缩，鼻腔向一侧弯曲

（2）临床症状　病仔猪喷嚏，流鼻液，表现摇头不安，鼻痒拱地，前肢抓鼻。以后症状逐渐加重，持续 3 周以上，鼻甲骨开始萎缩，仍打喷嚏，流浆液性、脓性鼻液，气喘。严重时，因喷嚏用力鼻黏膜破损而流血，甚至喷出鼻甲骨碎片，往往是单侧性的。

（3）药物防治　链霉素为治疗该病的首选药物，其次是磺胺类。

①预防性投药是控制猪传染性萎缩性鼻炎的有效方法：母猪料和小猪料添加泰乐菌素 110 毫克/千克、磺胺嘧啶 110 毫克/千克，中大猪添加量可适当减少。

②乳猪从 2 日龄开始，肌内注射 1 次增效磺胺，按每千克体重注射磺胺嘧啶 12.5 毫克加甲氧苄氨嘧啶 2.5 毫克，每周用药 1 次，连续注射 3 周。

③母猪（产前 1 个月）、断奶仔猪及架子猪可用磺胺二甲嘧啶 100 毫克/千克、金霉素 100 毫克/千克、青霉素 50 毫克/千克混合拌料，隔周用药，连续用药 4～5 周。

（4）免疫接种　妊娠母猪接种，初乳中含有母源抗体，可以被动地保护仔猪免受感染。一般在初产母猪分娩前 6～8 周和2～4 周各免疫 1 次，经产母猪每胎分娩前 2～4 周免疫 1 次。如未免疫的母猪所生仔猪，在 1 周龄和 3～4 周龄分别接种 1 次，再配合滴鼻用药，可明显提高猪体的抗感染能力。

（5）加强饲养管理

①发现有症状的猪要及时隔离，呈僵猪的作扑杀处理。

②及时淘汰有症状的公猪。

③引种时先隔离饲养 1～3 个月后，无临床症状的再转向种猪栏。

④仔猪饲料中应补充微量元素增强体质。

⑤降低猪群的饲养密度、采取严格的卫生防疫制度和维持良好的通风条件，以减少空气中病原菌、有害气体和尘埃的浓度。

⑥避免各种大的应激因素，如温差幅度大、冷风袭击等。

⑦病猪用过的栏舍要进行彻底清洗、消毒，空栏1个月后，才能重新使用。

77. 猪衣原体病的临床症状是什么？怎样防治？

（1）病因 猪衣原体病主要是由鹦鹉热衣原体所引起的传染病，表现有流产、肺炎、心包炎、关节炎、睾丸炎和子宫感染等多种临床症状，是一种人畜共患病。强力毒株，急性暴发，可引起动物发生急性致死性疾病，使重要器官发生广泛充血和炎症，死亡率达30%。低毒力病毒症状不明显。

（2）临床症状

①怀孕母猪早产、流产、死胎、胎衣不下、不孕症及产弱仔或木乃伊胎儿。

②初产母猪发病率高达40%～90%，流产前无任何表现，体温正常，很少拒食或产后有不良病症，产出仔猪部分或全部死亡。

③公猪生殖系统感染后，出现睾丸炎、附睾炎、尿道炎、龟头炎、龟头包皮炎及附属腺体的炎症，有的表现慢性肺炎。病程稍长者，常继发细菌性肺炎而死。

④仔猪还可引起肠炎、多发性关节炎、结膜炎。断奶前后，常患支气管肺炎、胸膜炎和心包炎。表现发热、食欲废绝、精神沉郁、咳嗽、喘气、腹泻、跛行、关节肿大等，有的还可出现中枢神经系统受损的症状。

（3）治疗

①四环素为首选药物，也可用金霉素、红霉素、螺旋霉素等。

②公、母猪配种前1～2周及产前2～3周随饲料给予四环素类制剂，按0.02%～0.04%的比例混于饲料中，连用1～2周。

③注射缓释型制剂，可提高受胎率，增加活仔数及降低新生仔猪

的病死率。

(4) 预防措施

①引进种猪时必须严格检疫，不合格的种猪场应限制及禁止输出种猪。

②避免健康猪只与病猪及其他易感染的哺乳动物接触。

③同时隔离病猪，分开饲养；清除流产死胎、胎盘及其他病料，深埋或火化。

④对猪舍和产房用石炭酸、福尔马林喷雾消毒，消灭病原。

⑤可用猪衣原体性流产灭活苗，对预防种猪和仔猪衣原体病效果显著。

78. 猪附红细胞体病的临床表现是什么？怎样防治？

猪附红细胞体病是由附红细胞体感染猪而引起的传染病。附红细胞体是寄生于红细胞表面、血浆及骨髓中的一群微生物。

(1) 临床症状

①初期：病猪体温突然升高至40.5～42℃，皮肤发红，指压褪色，精神不振，食欲减少，怕冷聚堆，咳嗽、流鼻涕，呼吸困难，尿液淡黄。

②中期：行走时后躯摇晃、喜卧恶立，便秘或拉稀，精神沉郁，呼吸困难；血液稀薄，色淡，往往随注射针孔流血不止；皮毛枯燥，背腹部毛色铁锈色，皮肤苍白，耳内侧、背侧、颈背部、腹侧部皮肤出现暗红色出血点（图3-22），可视黏膜轻度肿胀，初期潮红，后期苍白，轻度黄疸。尿液淡黄、淡红或呈红褐色，卧地不起。

③后期：耳朵变蓝色（图3-23）、坏死，排血便和血红蛋白尿，最后四肢泳动，呼吸困难，衰竭死亡。部分怀孕母猪出现早产、产弱仔、流产，但胎儿或死胎皮肤黏膜苍白，皮下脂肪黄染，胸腹腔有淡黄色或淡红色的积液。产房母猪分娩后，常伴有乳房和阴唇水肿，产后感染和泌乳不良、缺乏母性等症状。

(2) 预防措施

①加强饲养管理，搞好环境卫生，定期进行消毒。减少应激因素

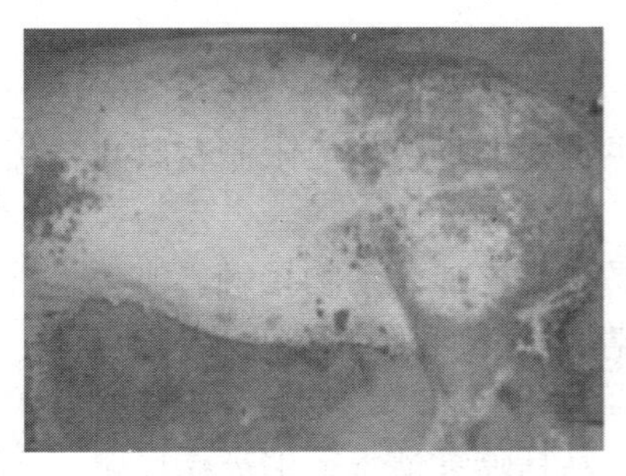

图 3-22　感染猪背腹部毛色铁锈色，颈背部及腹侧部皮肤出现暗红色出血点

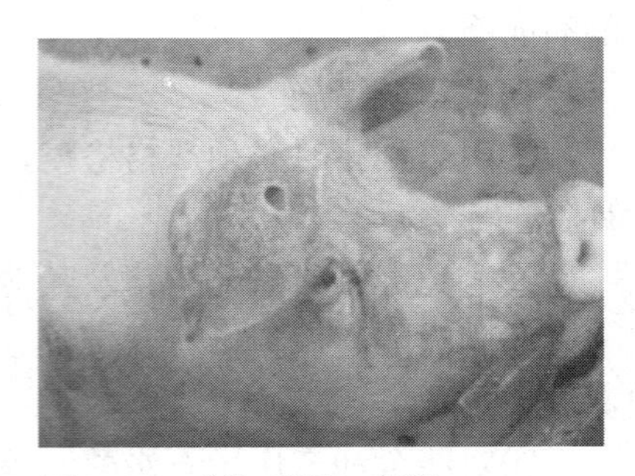

图 3-23　感染后期，病猪耳朵变蓝色

（如闷热、拥挤等）的刺激。

②严格做好注射器、针头、剪牙钳、断尾钳、耳号钳和去势刀的消毒工作，防止器械的机械性传播。

③消灭体内外寄生虫：杀灭成蚊可选用氯氰菊酯、敌百虫等夜间喷洒蚊虫易于附着的墙壁、顶棚、栏舍等处。灭螨、虱可采用螨净、辛硫磷、敌百虫等喷洒猪体，且可选用伊维菌素或阿维菌素肌内注射或内服灭螨。

（3）药物治疗

①猪饲料中可选用按每 1 000 千克饲料加入洛克沙砷（或阿散酸）200 克，0.03%～0.05%四环素、0.06%～0.10%土霉素或 0.03%～0.04%强力霉素，每月添加 1 次，每次饲喂 5～7 天。

②对病猪，可肌内注射血虫净每千克体重 5～7 毫克，深部肌内分点注射；新胂凡钠明（914）每千克体重 10～15 毫克，肌内注射，3 天 1 次，用 1～2 次；或 0.5%黄色素，每千克体重 3 毫克，用适量糖盐水稀释后缓慢静脉注射，每天 1 次，连用 2 次。

③附红细胞体病康复后猪的血清，有很好的保护力，注射用量按每千克体重 0.1 毫升，每天 1 次，连用 2 天。

（4）对症治疗

①解热：体温超过 40.5℃以上，可用复方氨基比林、安乃近、安痛定等解热。

②纠正水与电解质失衡和酸血症：可灌注口服补液盐、静脉注射糖盐水和5%碳酸氢钠溶液。产房仔猪和哺乳母猪往往病情严重，易导致死亡，因此静脉输入含有葡萄糖、维生素C、安钠咖、葡萄糖醛酸内酯和ATP的解毒保肝溶液，有利于缩短病程，减少死亡。

③通便排毒：病猪高热稽留，阴虚内热，常发生便秘，致使后期低热不退，不思采食，因此可根据病情，缓泻通便。如体质较好的可灌服少量的芒硝、硫酸镁。体弱的灌服液体石蜡等。

④防治继发性感染：常见的继发性感染有猪瘟、猪蓝耳、败血性链球菌病、弓形虫病、传染性胸膜肺炎等。可根据具体情况采取必要的防治措施。

⑤促进血细胞的生成：料中加入的有机铁，连喂20～30天或注射牲血素和维生素B_{12}，连用2次。

79. 猪瘟流行的新特点是什么？

（1）流行范围广　2001年在我国16个省、市、自治区的48个猪瘟流行疫点进行疫情统计，利用RT-PCR方法和荧光抗体染色法检测出猪瘟的发病率达41%～44%。甘肃省对猪瘟发生情况进行调查，1990—1999年的猪瘟发生率为56.66%。随着市场经济的发展，异地之间畜禽及其产品的调运日益频繁，进出口或运输检疫把关不严，检疫手段落后，对一些疫病检疫不出，或经营户逃避检疫，导致病原的传入和扩散。

（2）散发流行　近年没有大规模暴发流行，呈散发流行。主要因为大规模免疫接种，猪群均有一定程度的免疫保护率。发病无季节性，取决于猪群的免疫状态与饲养管理水平，流行规模较小，强度较轻。

（3）持续性感染和免疫耐受　近年来，感染猪瘟病毒的猪60%常无明显的临床症状，而呈亚临床感染、持续性感染和胎盘感染。感染母猪由于具有一定的免疫抵抗力，通常没有明显的发病症状，呈现亚临床症状，但是却不断地向外排毒或通过胎盘将病毒传染给胎儿。感染母猪所生的仔猪或是其他被感染的仔猪往往发生免疫耐受，当环境条件发生变化，就有可能造成猪瘟的流行。若用这样的猪留种，就会形成胎盘感染—仔猪流行猪瘟免疫耐受—免疫失败—持续感染—母猪繁殖障碍—胎盘感染这样一个恶性循环。这是目前规模化猪场猪瘟病毒持续存在的一个重要原因。

（4）发病年龄幼龄化 据调查发现，79%的猪场发生猪瘟的猪只多在90日龄以下，最多见发病的是3月龄以下的仔猪，特别是2～10日龄的哺乳仔猪和断奶至60日龄的保育猪发病最多见，而育肥猪和种猪发病较少。

（5）免疫力低下 调查发现，养猪业主十分重视猪瘟的防疫注射，80%以上调查的猪群均注射过兔化弱毒疫苗，但免疫注射猪群的免疫力低下普遍存在。由于没有进行抗体监测，这一情况通常被忽视，结果免疫猪时有发病，这就是所谓的免疫失败现象。出现免疫失败的主要原因是免疫剂量不足、持续性感染和先天感染。传染性胸膜肺炎、仔猪副伤寒、大肠杆菌病、链球菌病等的混合感染，从而增加了防疫的难度。

（6）混合感染 由于猪瘟病毒的持续性感染，仔猪先天免疫耐受，对抗原的免疫应答低下，免疫功能降低。往往造成猪瘟与接触传染性胸膜肺炎、仔猪副伤寒、大肠杆菌病、链球菌病等的混合感染，从而增加了防疫的难度。

80. 注射猪瘟疫苗应注意哪些问题？

注射猪瘟疫苗应注意：

（1）不要过早注射 有些养猪户给刚出生几天的仔猪注射猪瘟疫苗，这样做不妥。因为初生仔猪能够从母乳中获得母源抗体，可预防猪瘟。如在这时注射猪瘟疫苗，将会干扰和破坏母源抗体的作用。据试验，在仔猪40～45日龄、母源抗体开始消失时给仔猪注射猪瘟疫苗最好。

（2）不要重复注射 有些养猪户饲养的猪已由兽医注射了猪瘟疫苗，又自行重复注射，以为效果会更好，结果适得其反。猪瘟疫苗是一种弱毒疫苗，适量注射后，通过引发抗体产生而获得免疫力，具有

1年以上的免疫期。如果在短期内重复注射此种疫苗，其抗体就会与疫苗毒产生中和作用，使猪容易感染猪瘟。

（3）最好不要在怀孕期注射　养殖户在母猪怀孕期间或母猪临产时注射猪瘟疫苗，这样做是不妥的。猪瘟疫苗能通过怀孕母猪的胎盘引起仔猪死胎、流产或早产，因此注射猪瘟疫苗只能在母猪怀孕前或产仔后进行，在实际生产中，母猪在怀孕85天以上可作免疫猪瘟。

（4）不要共用针头　有些养猪户在给猪注射猪瘟疫苗时，不注意针头消毒或更换针头，健康猪、病猪都用1个针头注射，从而造成相互交叉感染的恶果。因此在注射时，一定要更换针头或将针头消毒后再用。

（5）不要注射失效疫苗　猪瘟疫苗买回后，未及时注射，又未按疫苗保存方法正确保存，导致疫苗失效，接种后不能起到预防效果。因此注射猪瘟疫苗应做到购买疫苗后及时注射，并严格按疫苗的运输与储存条件执行，这样才能有好的预防效果。

81. 什么是猪瘟的超前免疫？猪瘟的超前免疫应注意哪些问题？

（1）超前免疫　也称零时免疫或乳前免疫，即在仔猪出生后不让吃初乳，注射疫苗后隔一定时间再吃初乳。经试验及广泛运用证明，猪瘟的超前免疫是有效的，可以避开母源抗体对主动免疫的干扰。

（2）猪瘟的超前免疫应注意

①注意消毒：用1%～2%苛性碱（烧碱）溶液，或用0.1%～0.5%百毒杀定期消毒猪圈，用具及水槽、食槽每日刷洗消毒一次，保持圈舍清洁卫生。分娩母猪进入产仔栏后要对猪体、猪舍、饲具及周围环境进行消毒，以杀灭环境中的猪瘟病毒。

②免疫时间：超前免疫必须在初生仔猪未吸初乳前进行，这是前免疫的关键。操作人员应准确掌握母猪受孕时间、分娩时间，产仔前后应有专人值班，仔猪一产出迅速去掉羊膜，擦净黏液，断脐后立即进行猪瘟超前免疫。

③最佳时间：一般认为仔猪乳前免疫比哺乳后免疫效果好。

④免疫剂量及注射部位：仔猪超前免疫使用细胞苗1份较安全可靠。注射部位最好是臀部，其次是颈侧肌肉处。初生仔猪较小，注射疫苗的针头不宜过长过粗，应选12号针头。

⑤疫苗选择：必须选用质量好的真空冷冻猪瘟细胞苗。如疫苗管理、运输不当会影响疫苗的质量。切忌使用脱水、过期、无效的疫苗。疫苗应当时稀释，当时用完。稀释后的疫苗在15～17℃时应在3小时内用完；27℃以上应在1小时内用完。可将稀释后的疫苗保存在放有冰块的保温瓶中。

⑥过敏反应预防：由于仔猪的个体差异，个别仔猪会出现过敏反应。其临床症状为体温37.8～39℃，呼吸40～50次/分，脉搏98～102次/分。肌内注射部位出现紫块，肌肉震颤，步态不稳、摇摆，有的呕吐，鼻盘呈紫色，皮肤出现丘疹，黏膜发绀，叫声嘶哑。急救措施为：症状较轻的仔猪用0.1%盐酸肾上腺素，皮下注射；症状较重仔猪除用0.1%盐酸肾上腺素0.15～1毫升皮下注射外，再用地塞米松磷酸钠注射液，耳后肌内注射，0.5毫克/头。

82. 如何应对免疫后的猪场突发猪瘟?

免疫过猪瘟疫苗的猪场仍发生猪瘟，造成母猪早产、流产、死胎、不孕，以及造成猪群出现亚临床感染和亚健康状态比较多见。应对免疫后猪群发生猪瘟，需注意以下几点：

(1) 快速确诊　采取病猪的脾脏、淋巴结、扁桃体等组织，1～2天内冷藏运输到有条件的研究院所或诊断中心进行快速检测，确诊是否为猪瘟感染发病。

(2) 病猪隔离饲养　将全场有临床症状的病猪隔离集中饲养，然后用猪瘟兔化弱毒疫苗对全场的仔猪、种猪及育肥猪实行紧急强化免疫，免疫剂量按育肥猪10头份、仔猪6～8头份、母猪10～12头份进行一次性注射。对病死猪及时清理、消毒并作深埋处理。提高猪群的免疫抗体水平，有效减少亚临床感染发生。

(3) 彻底消毒　隔1日消毒1次。疫情平息后改为每周2～3次。同时严格限制人员进出猪场。对隔离的病猪，连续1周给予抗生素和

解热镇痛药以控制继发感染。淘汰隐性感染和带毒种猪，消除猪群内的传染源。

(4) 加强猪瘟免疫监测　摸清群体的免疫水平和免疫效果，制定科学的免疫程序，不能盲目使用其他猪场的猪瘟免疫程序。疫苗质量不保证的情况下，不用细胞苗，改用脾淋苗，免疫参考剂量为：种猪4～5头份/次，仔猪2～3头份/次。

(5) 加强日常饲养管理　饲喂配方合理的日粮，提高猪群整体抗病能力。

83. 如何有效控制猪瘟？

控制猪瘟的流行，首先要制定各猪场个性化的科学的免疫程序，定时进行免疫监测，根据猪瘟抗体免疫监测结果，修改免疫程序；同时，要淘汰隐性感染的带毒种猪，坚持自繁自养，购进种猪要严格检疫。

(1) 坚持自繁自养的原则　自繁自养和培育稳定健康的种猪群，对控制猪瘟的发生至关重要。引种要慎重，严格检疫，种猪引入后要隔离检疫1个月，做1次血清学检查、补注疫苗、驱虫1次，健康者方可进入生产区饲养。

(2) 坚持全进全出的饲养制度　配种妊娠、产仔哺乳、保育与育肥四个阶段实行全进全出。每批猪全部离舍后对猪舍要进行彻底打扫冲洗干净，反复消毒3次，空舍3天再进入新的猪群。要避免不同日龄和不同生长阶段的猪只混群饲养，以减少交叉感染和连续性感染的发生。

(3) 建立健全生物安全体系　建立兽医卫生防疫与消毒制度，最大限度地减少病原微生物对猪场的污染，防止疫病的传播。定期灭鼠、杀虫、驱虫，进入生产区的人员要淋浴后更换工作服，物品要经消毒，人流与物流要定向流动，外地车辆及人员不准进入生产区。内外环境定期消毒。

(4) 加强饲养管理，减少应激因素　猪舍保持清洁干燥通风保温；降低猪舍内氨气浓度；降低饲养密度；猪舍内的粪尿及污水及时清除和进行无害化处理；严禁饲喂发霉变质的饲料，适当增加蛋白质、氨基酸、维生素和微量元素的水平，提高饲料质量；配种实行人工授精；早期隔离断奶要减少各种应激，以防止应激诱发疾病的发生。

（5）使用科学的免疫程序 后备种猪于配种前10天免疫，脾淋疫苗每头2毫升肌内注射；生产母猪于产仔后10天免疫，方法同上；种公猪于每年春、秋各免疫1次，方法同上；仔猪于25日龄左右首免，每头肌内注射细胞疫苗4毫升，60～70日龄二免，每头肌内注射脾淋疫苗2毫升；哺乳仔猪于1日龄初乳前免疫，每头肌内注射乳兔冻干疫苗1毫升或细胞疫苗2毫升，2小时后吃初乳。

①猪瘟兔化弱毒脾淋组织苗：大、小猪每次肌内注射1毫升，免疫保护期为18个月。可用于加强免疫与紧急接种时使用。

②猪瘟乳兔冻干疫苗：大、小猪每次肌内注射1毫升，免疫保护期为1年。用于仔猪超前免疫，首次免疫和母猪的常规免疫时使用。

③猪瘟兔化弱毒细胞疫苗：大猪每次肌内注射6头份，小猪每次肌内注射4头份，超前免疫每次2头份。免疫保护期为1年。用于仔猪超前免疫和首免及母猪的常规免疫时使用。

（6）免疫抑制性疾病的预防 要做好蓝耳病、猪伪狂犬病、细小病毒病和口蹄疫的免疫接种。

（7）加强免疫检测和猪瘟病毒感染检测 对免疫后猪群抗体水平进行检测，以了解猪群的免疫水平和存在问题，改进免疫计划。对猪群的猪瘟病毒抗原检查，如检查出带毒猪，要立即淘汰。

84. 猪瘟疫苗免疫失败的原因是什么？

（1）疫苗的质量问题 我国近年来常有免疫失败的报道，其原因很多，其中疫苗质量有很重要的影响。疫苗质量不高，产品不稳定。

①可能由于免疫剂量不够，而不能切断亚临床感染引起的恶性循环。

②牛病毒性腹泻病毒对猪瘟疫苗的影响：厂家使用牛睾丸细胞生产猪瘟细胞苗时，牛病毒性腹泻病毒可能会污染生产的猪瘟弱毒细胞

苗，用含有牛病毒性腹泻病毒的疫苗免疫母猪，可引起母猪繁殖障碍，病毒经胎盘传染给胎儿，造成仔猪的先天性感染。

③疫苗保存与使用不当。猪瘟疫苗于－15℃冷冻保存，有效期为1年；0～8℃保存为半年；8～25℃保存为10天。疫苗稀释后在15℃以下6小时内用完，15～27℃下应在3小时内用完。

④多联疫苗免疫效果不确实：猪用三联疫苗（猪瘟、丹毒、肺疫），其丹毒菌苗中含有吐温-80的成分，可干扰猪瘟疫苗的免疫作用。

（2）疫苗免疫程序不合理　母源抗体对猪瘟疫苗免疫的干扰较大，应该在仔猪的母源抗体保护率下降到75％以下后，再接种猪瘟疫苗。仔猪的初次免疫一定要避免母源抗体的干扰。一些猪场，特别是农村养猪户不做抗体检测，凭经验注射疫苗，免疫程序不合理，由于母源抗体的干扰，常造成仔猪免疫的失败。

（3）药物及其饲料添加剂对猪瘟疫苗免疫的影响　一些抗生素如卡那霉素、磺胺类药物、链霉素、新霉素、四环素、激素类药物等，对动物机体有一定的免疫抑制作用，会影响病毒疫苗的免疫效果。特别是在注射疫苗期间要控制抗生素的使用，否则影响疫苗的免疫效果。

（4）免疫抑制性疾病对猪瘟免疫的影响　目前，多数猪场都存在猪蓝耳病、圆环病毒2型感染；这两种病能严重损害肺部巨噬细胞的免疫功能，引起机体免疫抑制，干扰了猪瘟疫苗的免疫应答，从而导致猪瘟疫苗的免疫失败。

（5）营养因素饲养管理不良，生物安全体系不健全　营养不足，缺乏物质基础；如缺乏维生素E、维生素A和微量元素锌、铁、硒等，能影响机体的抗体合成而降低免疫力，诱发猪瘟的发生。缺乏严格的兽医卫生防疫与消毒制度，不能最大限度地减少病原微生物对猪场的污染，就不能防止疫病的传播。

85. 各种市售的猪瘟疫苗有哪些优缺点？如何选用？

我国的猪瘟兔化弱毒疫苗对控制猪瘟起了关键作用；目前，市场上有多种猪瘟疫苗出售，养猪户根本不太了解这些疫苗的优缺点。表3-1 列出各种疫苗的优缺点及使用范围。

表 3-1　猪瘟疫苗种类及特点

疫苗名称	制　备	优　点	缺　点	使用范围
猪瘟细胞苗	猪瘟兔化弱毒在牛睾丸细胞上增殖	不容易发生过敏反应	免疫原性稍差	仔猪的首次免疫；母猪免疫
乳兔组织苗	猪瘟兔化弱毒感染乳兔后，用乳兔的组织制备	免疫原性好	个别猪容易发生过敏反应	猪瘟的加强免疫；猪瘟的紧急免疫接种；控制慢性猪瘟、非典型猪瘟、温和型猪瘟
猪瘟脾淋苗	猪瘟兔化弱毒感染成年兔，收集兔的脾、淋巴结制备	抗原性好、抗原含量高、过敏原含量极低	生产成本高	猪瘟的加强免疫；猪瘟的紧急免疫接种；控制慢性猪瘟、非典型猪瘟、温和型猪瘟

86. 猪圆环病毒 2 型感染对猪场有什么危害？在生产上应该采取怎样的综合防治措施？

猪圆环病毒 2 型感染是一种病毒性传染病。该病主要危害哺乳仔猪、育肥猪和怀孕母猪。

（1）对猪群的危害　猪圆环病毒 2 型感染引起机体的免疫抑制，造成猪群免疫应答能力下降，再感染其他病原机会增大。免疫抑制导致猪群很容易受到猪瘟、伪狂犬病、喘气病、副猪嗜血杆菌病、链球菌病、大肠杆菌病、沙门氏菌病等的侵袭。

①对仔猪的危害：新生仔猪先天性震颤，主要见于 2～7 日龄，其特征表现为新生仔猪的头部及四肢发生不同程度的双侧性震颤，震颤严重者因难以吮乳而饥饿死亡，外环境刺激因素可诱发或使震颤加剧，躺卧或睡眠时震颤停止。还引起 6～12 周龄仔猪发生猪断奶后多系统衰竭综合征。主要临床症状：消瘦（图3-24），呼吸困难，皮肤苍白（图 3-25），体表淋巴结肿大，黄疸和腹泻。剖检病变主要是全身淋巴结，特别是腹股沟浅淋巴结肿大，肺肿胀，脾肿大，肾脏水

肿、苍白，被膜下有白色坏死灶等。

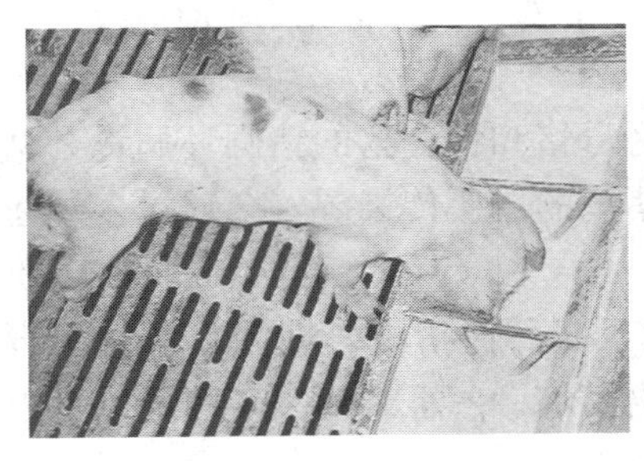

图 3-24 感染猪瘦弱，弓背

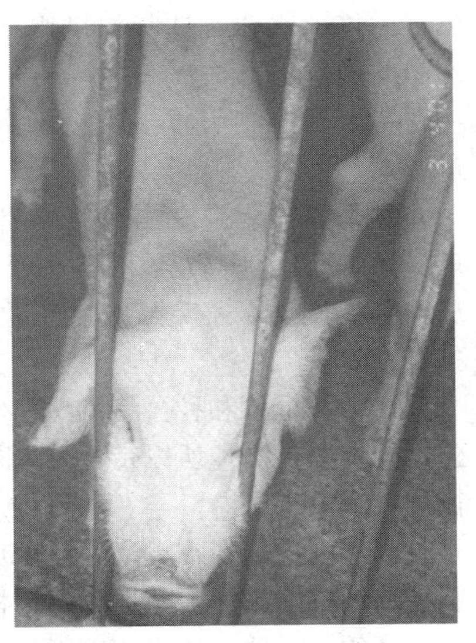

图 3-25 感染猪皮肤苍白

②对保育猪及育肥猪的危害：引起 8～18 周龄猪发生皮炎与肾病综合征。临床症状：患猪臀部、四肢及腹部皮肤表面出现圆形或不规则形的、颜色由红色到紫色的斑块。轻度感染动物不发热，大多数可以自动痊愈。严重感染动物除了以上的皮肤病变外，还表现皮下水肿、跛足、发热、厌食、精神萎靡、消瘦、呼吸困难或呼吸急促以及苍白等症状。剖检病变：主要表现为肾脏肿大、苍白，表面常有瘀血斑，脾肿大，小肠鸡肠样病变和淋巴结肿大等。

③对生长-育肥猪危害：引起 16～22 周龄的猪群发生呼吸道病综合征。临床症状主要表现为生长缓慢、饲料利用率降低、嗜睡、厌食、发热、咳嗽以及呼吸困难等。剖解症状主要表现为肺部广泛性的炎症。

④引起母猪相关性繁殖障碍：主要表现为感染猪会阴部紫色隆起（图 3-26）；发病母猪发生流产、严重的死胎、木乃伊胎增加、新生仔猪死亡及断奶后仔猪死亡率增加。

（2）防制措施 该病尚无成熟的疫苗，主要靠加强饲养管理，减少应激，控制继发感染以降低损失，通过采取综合性防治措施来预防此病。

①严格控制引种，防止该病进场。

②采取“全进全出”策略管理猪场；猪场内要严格控制人员、车辆流动，避免从疫区引进猪群。

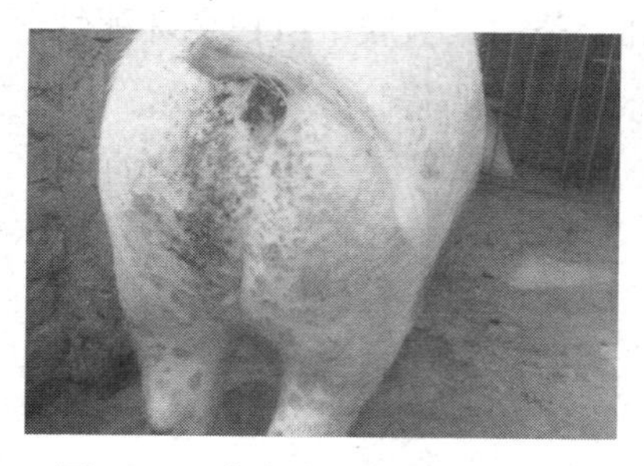

图 3-26　感染猪会阴部紫色隆起

③带毒母猪和种公猪淘汰：因为母猪和种公猪的猪圆环病毒 2 型感染阳性率很高，所以带毒种猪是猪场的主要传染源，会通过多种途径排毒或散毒。

④保健用药：在母猪怀孕 80 天至产后仔猪断奶期间，仔猪和育肥猪的饲料中添加中药提取物、植物多糖、β-葡聚糖、多种维生素以及氨基酸，对预防该病有着很好的效果。

⑤消毒措施：选用高效消毒剂，如复合醛、双链季铵盐-碘、戊二醛等；在猪场各个地方进行消毒，使环境中病原微生物控制在最低程度。

⑥加强管理：降低饲养密度，改善卫生及温度状况。

（3）治疗　一旦发生圆环病毒感染，其发病特点和实际生产中由于该病而产生的免疫抑制的不良后果，很容易造成其他疫苗的免疫失败和并发一些细菌性疾病，增加疾病治疗的难度。建议采用以下方案防治：

①在每吨饲料中添加 3～6 千克的德国“圆环克”，连续 1～2 个疗程，每个疗程 15 天。对发病的猪群和未发病的猪群进行治疗，同时配合一些广谱抗菌药物，如氟苯尼考、磺胺类药物等，减少并发感染。

②采用黄芪多糖注射液并配合维生素肌内注射，增进和调整病猪的免疫器官的功能，增强病猪的体质，以使病猪快速恢复。

③选用新型的抗病毒制剂，如干扰素和猪用转移因子等，用于病猪的治疗。

87. 如何诊断猪圆环病毒病？

猪圆环病毒2型感染的诊断应注意与猪瘟、非洲猪瘟鉴别诊断。

（1）根据临床症状

①断奶后多系统衰竭综合征：发病猪年龄6～12周龄，生长缓慢、消瘦，持续性的呼吸困难及腹股沟淋巴结肿大。

②猪皮炎肾病综合征：患猪臀部、四肢及腹部皮肤表面出现圆形或不规则形，颜色由红色到紫色的斑块。

③繁殖障碍性疾病：怀孕后期流产和死胎，心肌损伤，出现大面积纤维组织增生或坏死性心肌炎。

（2）实验室确诊 由于猪圆环病毒2型易于与其他病毒病和细菌病混合或继发感染，仅仅依据临床症状不能进行确诊，必须运用实验室方法检测猪圆环病毒2型的特异性抗体/抗原或核酸。实验室常采用免疫组织化学、血清学和分子生物学等方法来确诊本病的感染。

①免疫组织化学是检测该病的金标准，准确性高，但操作较烦琐。

②酶联免疫吸附试验（ELISA），快速、灵敏，该方法适合于大规模的检测。

③聚合酶链式反应（PCR），可直接检测组织病料和细胞培养物中的病毒核酸，是一种敏感、快捷、特异、准确的方法。目前，该方法已经成为猪圆环病毒的病毒学诊断的常用方法。对于该病的诊断，必须根据流行病学和实验室检测结果进行确诊。

88. 临床上如何区分猪痘与圆环病毒感染？

猪痘和圆环病毒都可以引起猪皮肤出现红点或红斑，这两个病的症状非常相似。所以，临床上要注意区分（表3-2）。

表 3-2 猪痘和圆环病毒感染的区别

	病原	症 状	剖解变化	防治措施
猪圆环病毒2型病	2型圆环病毒	精神不振，食欲降低，生长发育不良，渐进性消瘦，皮肤苍白、贫血；病猪有时会黄疸，生长猪拉黄色稀粪；生长猪易形成皮炎，皮肤形成红色丘疹	全身淋巴结肿大4～5倍，土黄色；肺脏体积缩小，表面有散在隆起的橡皮状硬块，瘀血、出血，间质变宽；脾脏肿大、变黑；肝脏黄染；肾脏肿大、苍白，有白色坏死灶，肾髓质周围组织水肿；胃黏膜出血、溃疡	没有特效的防治方法，采用综合防控措施，注意加强饲养管理及环境控制等，能有效减少损失
猪痘	猪痘病毒	体温升高，精神不振，鼻、眼有分泌物。痘疹主要发生于下腹部、四肢内侧、鼻镜、眼皮、耳部等无毛和少毛部位，初为深红色的硬结节，突出于皮肤表面，略呈半球状，表面平整，并很快结成棕黄色痂块，脱落后变成白色斑块而痊愈	病死猪剖检可见口、鼻、咽、气管、支气管等部黏膜有卡他性或出血性炎症变化。其他器官无明显变化	没有特效的防治方法，采用综合防控措施，注意加强饲养管理及环境控制等能有效减少损失

89. 高致病性猪蓝耳病的主要流行特点是什么？

高致病性猪蓝耳病是由猪繁殖与呼吸综合征病毒的变异毒株引起的，为区别一般蓝耳病，专家确定称该病为高致病性猪蓝耳病。该病的流行特点主要有以下几点：

（1）传播速度 传播速度快、发病猪群几乎覆盖全国。

（2）发病群体 主要威胁妊娠母猪（部分怀孕时间）及新生仔猪。

（3）传播途径 呼吸道是主要传播途径，也可垂直传播。

（4）发病季节 在高温、高湿、蚊蝇滋生的夏季多发。

(5) 危害情况　发病率和死亡率差异较大。仔猪发病率达100%，死亡率达50%以上；母猪流产率可达30%以上；育肥猪也可发病死亡，如继发猪瘟等其他疫病，发病率、死亡率更高。

(6) 混合感染　常与猪瘟、弓形虫、附红细胞体等其他疫病同时发生，出现多种疫病混合感染。

90. 高致病性猪蓝耳病混合或继发感染其他病原后有哪些临床症状和剖解变化？

高致病性猪蓝耳病常继发或并发感染猪瘟病毒、圆环病毒2型、伪狂犬病病毒、猪流感病毒、附红细胞体、猪链球菌属2型、猪胸膜肺炎放线杆菌、副嗜血杆菌、多杀性巴氏杆菌、猪支原体肺炎、弓形虫、蛔虫等。继发或并发感染的病原不同，临床症状和剖解变化而有差异。

(1) 与圆环病毒的混合感染

①临床症状：体温升高（40.5～41.5℃），精神沉郁，少食、废食，便秘；结膜、黏膜苍白；严重者皮肤大面积发绀，呈现蓝紫色；咳嗽，呼吸困难，急性发病者2～3天内死亡，慢性者逐渐消瘦，后期卧地不起，可持续2周后死亡。

②剖检病变：淋巴结水肿、充血、出血，色泽苍白或黄疸；脾脏肿大，边缘呈锯齿状；肺水肿或有间质性肺炎变化；肾脏肿大、瘀血、贫血，并有针尖状出血；膀胱有点状出血。

(2) 与猪瘟病毒的混合感染

①临床症状：发病猪多为整窝突然发病，体温升高至41～42℃，精神沉郁，减食或不食，体表潮红，部分猪出现皮肤出血点甚至耳尖发紫。

②剖检病变：肺间质增宽、水肿、充血，部分呈肉样变；腹股沟淋巴结出血；喉头出血；膀胱黏膜有出血点；肾脏颜色变浅，有针尖状出血点；脾脏肿大，边缘梗死；回盲瓣有纽扣状溃疡。

(3) 与多杀性巴氏杆菌混合或继发感染

①临床症状：病猪精神不振，食欲减退或废绝，消瘦，体温升高

至39～40℃，稽留不退；咳嗽、呼吸困难；腹部和耳部甚至全身皮肤呈现紫色或红色；有的颈部、腹部皮肤有棕色斑点；排稀粪。

②剖检病变：可视黏膜苍白黄染；颌下淋巴结、肠系膜淋巴结肿胀、充血、出血；肺脏充血、肿大，呈现纤维素性胸膜肺炎，有区域性的紫红色肺炎灶及出血点，与胸壁粘连。胸腔有混浊液体，混有纤维素碎片。肝脏肿大；脾脏肿大，边缘有大小不等的梗死灶和散在的出血点；肾脏呈土黄色，轻度肿大，表面散有针尖大小的出血点；胃肠道有出血、坏死。

（4）与大肠杆菌混合或继发感染

①临床症状：病初体温升高至40～42℃，精神沉郁，食欲不振，部分废绝；具有明显的呼吸道症状，部分病猪出现严重的腹式呼吸；部分病猪眼睑肿胀，眼睛有分泌物。有的全身发红然后苍白，高烧持续不退；皮肤发红的猪有的表现出发绀；死亡猪只的耳朵、颈下、四肢和腹部皮肤多发绀、呈败血症变化，腹股沟淋巴结肿大。

②剖检病变：急性败血症经过的则血液凝固不良；皮下有胶冻样渗出物；心包积液；肺充血、瘀血、肿胀，有的有出血点，肺间质增宽；心肌软化，少数可见心脏脂肪胶冻状，心内、外膜出血；胃肠道充血、出血，胃底部分出血严重；脾脏肿大或一端肿大易碎，有红色坏死；肾脏肿胀，有出血点；淋巴结肿大、出血。

91. 高致病性猪蓝耳病的主要临床症状和剖解病变有哪些？

不同年龄的猪群感染高致病性猪蓝耳病的临床症状和病理变化有差异：

（1）主要临床表现

①母猪：发热、厌食，沉郁、昏睡，不同程度呼吸困难，咳嗽。妊娠晚期流产、死胎、弱仔或早产。产后无乳，少数病猪耳部发紫，皮下出现血斑。个别母猪可见神经麻痹等症状。

②育成猪：双眼肿胀、结膜炎，有眼屎或脓性分泌物，并出现呼吸困难、耳尖发紫、沉郁昏睡等症状。公猪感染后表现咳嗽、精神沉

郁、食欲不振、呼吸急促，暂时性精液减少和活力下降。

③仔猪：以1月龄内仔猪最易感染。体温可达40℃以上，呼吸困难，有时腹式呼吸，食欲减退或废绝，后肢麻痹，共济失调（图3-27），眼睑水肿，死亡率高达80%。

（2）剖解病变 脾脏有梗死灶；肾脏呈土黄色，表面可见针尖至小米粒出血斑；皮下、扁桃体、心脏、肝脏和肠道均可见出血点和出血斑；肺水肿，花斑状，间质性肺炎（图3-28）；部分病例可见胃肠道出血、溃疡、坏死。如有其他病原混合或继发感染，剖解病变会出现差异。

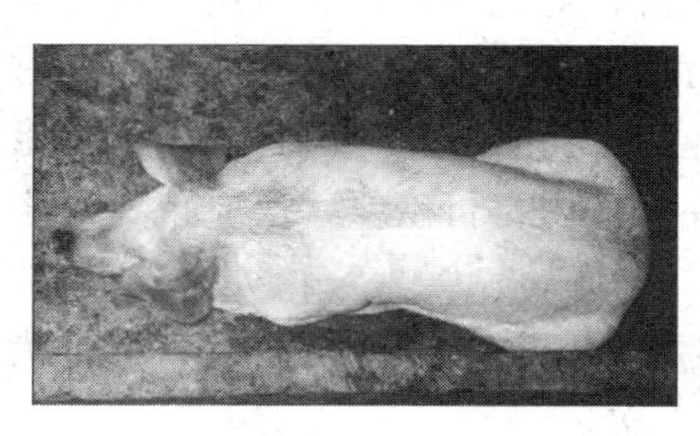

图3-27　病猪耳朵发绀，出现四肢瘫痪症状

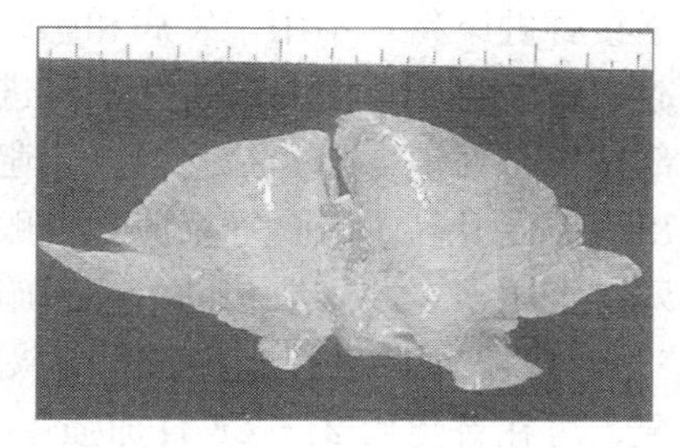

图3-28　肺水肿，呈间质性肺炎

92. 如何防控高致病性猪蓝耳病?

预防高致病性猪蓝耳病必须采取改善饲养环境，加强综合防制等措施。

（1）加强饲养管理 采取"全进全出"的养殖模式，在高温季节，做好猪舍的通风和防暑降温，冬天既要注意猪舍的保暖，又要注意通风。夏天，提供充足的清洁饮水，保持猪舍干燥，保持合理的饲养密度，减少应激因素。保证充足的营养，增强猪群抗病能力。

（2）做好各项消毒工作 当周围地区发生动物疫情时，要按照当地兽医部门的要求进行紧急免疫。严格进行消毒。搞好环境卫生，及时清除猪舍粪便及排泄物，对各种污染物品进行无害化处理。对饲养场、猪舍内及周边环境增加消毒次数，农村散养户的猪栏圈舍可使用新鲜的生石灰配制的石灰乳进行消毒。

（3）可用药物保健预防 选择适当的预防用抗菌类药物、抗应激多维和免疫增强剂如黄芪多糖等，并制定合理的用药方案，预防猪群的细菌性感染，提高猪只的免疫能力和健康水平。

（4）猪场实行严格的生物安全措施。

93. 使用高致病性猪蓝耳病灭活苗时应注意哪些问题？

耳后部肌内注射该疫苗用于预防高致病性猪蓝耳病。该疫苗只用于接种健康猪，不用于发病和感染猪群；对妊娠母猪应慎用，避免引起机械性流产；屠宰前一天不得进行接种；接种用器具应无菌，注射部位应严格消毒，一猪一针头，避免交叉污染；接种后，个别猪可能出现体温升高、减食等反应，一般在2日内自行恢复，反应重者可注射肾上腺素，并采取辅助治疗措施。

（1）3周龄及以上仔猪 每头接种2毫升，根据当地疫病流行状况，可在首免后21～28日加强免疫1次。

（2）母猪 配种前接种4毫升。

（3）种公猪 每隔6个月接种1次，每次4毫升。

94. 猪蓝耳病的传播途径是什么？

猪蓝耳病病毒可以通过多种途径传播。主要传染源是发病猪和带毒猪。病毒由病猪的鼻腔分泌物、唾液、乳分泌物、病公猪精液和尿中排出。在外界环境中，常存在于圈舍、污泥、饲料、饲草、用具、饮水及污水中。尤其在饮水、污水中存活期较长，是造成传播的主要来源。空气传播和病猪接触传播是本病的主要传播方式。猪群规模越大、饲养密度越高，接触传播的危险性越高。

95. 猪伪狂犬病的发病特点是什么？

猪伪狂犬病是由伪狂犬病毒感染而引起的一种病毒性传染性疾

病，多种家畜和野生动物均可感染。猪是伪狂犬病毒唯一的自然宿主，该病毒能引起猪的亚临床感染和潜伏感染，未获得自然免疫保护的猪群第一次暴发会带来灾难性的后果。在一周之内传播至全群动物，导致90%以上的哺乳仔猪死亡，护理期仔猪生长迟缓，老龄猪出现热性呼吸道疾病，怀孕母猪流产。该病的临床表现取决于毒株、感染量和猪的年龄，最主要的是感染猪的年龄。

图 3-29　仔猪神经症状

（1）新生猪　潜伏期2～4天，出现严重的临床症状前，哺乳仔猪倦怠、厌食和发热至体温升高到41～41.5℃。有的在出现临床症状的24小时内会有中枢神经症状（图3-29），开始为震颤，唾液分泌增多，运动障碍共济失调和眼球震颤，发展至角弓反张，突然发作癫痫，有的病猪因后肢麻痹呈犬坐式（图3-30），有的转圈或侧卧做划水运动（图3-31），有的病猪呕吐或腹泻。有神经症状的猪在出现症状后24～36小时内死亡，其死亡率几乎达100%。母猪的免疫状态不同，哺乳猪的临床表现也有差异，同窝或邻窝都可能有的有症状，有的正常。临近分娩时的易感母猪感染后所产仔猪虚弱，很快出现临床症

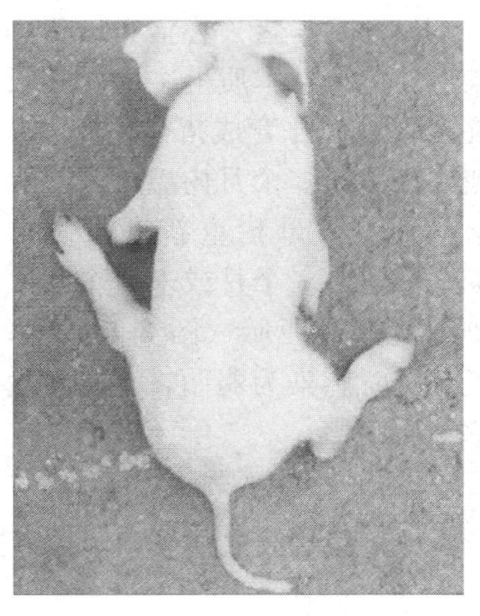

图 3-30　病猪呈犬坐姿势

图 3-31　病猪呈划水运动状

状，出生后1～2天死亡。

(2) 断奶猪（3～9周龄） 20日龄以上的仔猪到断奶后小猪症状基本同哺乳猪，只是症状轻微，体温升高到41℃以上，呼吸短促，被毛凌乱，不食或食欲减少，耳尖发紫，发病率和死亡率都低于15日龄以内的仔猪。症状持续5～10天，大多数猪能恢复正常痊愈，出现神经症状的猪一般死亡。

(3) 育肥-育成猪 感染后的特征为呼吸症状，有数日的轻热、呼吸困难、流鼻汁、咳嗽、精神沉郁、食欲不振，有的呈犬坐姿势，有时呕吐和腹泻。发病率高、死亡率极低，一般只有1%～2%。

(4) 成年猪 公猪和母猪感染后的症状在本质上主要是呼吸症状，与育肥-育成猪很相似。母猪在怀孕前3个月内感染，胚胎会被吸收，母猪重新进入发情期，怀孕中3个月或末3个月感染则流产或死胎（图3-32），临近足月时感染为弱胎。流产发生率约为50%。

图3-32 感染母猪产木乃伊胎或死胎

96. 猪伪狂犬病有效防控方案有哪些？

目前主要采取以下措施对本病进行防控。

(1) 预防措施

①常规措施：消灭猪场中的鼠类，对猪舍及周围环境进行严格消毒，实行仔猪全进全出制度，引进种猪时，须隔离观察1个月，确认无病方可混群饲养。

②针对本病进行检疫、隔离和淘汰阳性病猪以净化猪群。

③采用疫苗进行预防：该病目前有灭活疫苗、弱毒疫苗和基因缺失疫苗3种，目前我国主要是应用灭活疫苗和基因缺失疫苗。在刚刚发生和流行的猪场，用高滴度的基因缺失疫苗鼻内接种，可以达到很

快控制病情的目的。建议免疫程序：种猪（包括公猪），第一次注射后，间隔4～6周加强免疫1次，以后每次产前1个月左右加强免疫1次，可获得非常好的免疫效果。留种仔猪在断奶时注射1次，间隔4～6周加强免疫1次，以后按种猪免疫程序进行。商品猪断奶时注射1次，直到出栏。猪发生伪狂犬病时，全场未发病的猪均用伪狂犬病基因缺失弱毒苗进行紧急免疫注射，一般可有效控制疫情。

（2）治疗方法

①暴发本病时，猪舍的地面、墙壁、设施及用具等用百毒杀隔日喷雾消毒1次，粪尿要发酵处理，分娩栏和病猪栏用2%的烧碱溶液消毒，每隔5～6天消毒1次，哺乳母猪乳头用2%的高锰酸钾溶液清洗后，才允许仔猪吃初乳。

②采集已完全康复的育肥猪或老母猪的血在无菌条件下分离血清（内含丰富抗本病的抗体），对尚在发病的仔猪进行治疗，每头肌内注射或腹腔注射2毫升，可获得良好疗效。

③对发病症状轻微的猪可试用以下疗法：应用黄芪多糖或板蓝根注射液治疗，猪每千克体重用药0.05～0.10毫升，每天肌内注射1次；对病情严重的可1天肌内注射2次，连续用药5天。同时，给病猪肌内注射猪白细胞干扰素（按使用说明），每天注射1次，连续注射3～5天。亦可注射高免血清或健康猪血清。

97. 哪些动物可携带伪狂犬病病毒？

猪是伪狂犬病病毒唯一的自然宿主，能引起感染，其他还有兔、牛、绵羊、山羊、猫、鸡、鸭、鹅易感，马偶尔感染，浣熊、负鼠、鼠、小鼠等部分野生动物，恒河猴、绒猴等均易感染。

98. 猪场怎样净化伪狂犬病？

（1）轻度污染场的净化 猪场不使用疫苗免疫接种，采取血清学普查，如果发现血清学阳性猪，进行确诊，扑杀淘汰阳性猪。

（2）中度污染场的净化

①采取免疫净化措施：免疫程序按每 4 个月注射一次。抽样对猪只每年 2 次病原学监测，阳性按病畜淘汰。

②经免疫的种猪所生仔猪，留作种用的在 100 日龄时作一次血清学检查，免疫前抗体阴性者留作种用，阳性者淘汰。

③后备种猪在配种前后 1 个月各免疫接种一次，以后按种猪的免疫程序进行免疫。同时每 6 个月抽血样作一次血清学鉴别检查，如发现野毒感染猪只及时淘汰处理。

④引进的猪只隔离饲养 7 天以上，经检疫合格（血清学检测为阴性）后方可与本场猪混群饲养。每半年做一次血清学检查，对于检测出的野毒感染阳性猪实施淘汰。

（3）重度污染场的净化

①暂停向外供应种猪。

②免疫程序按每 4 个月免疫接种一次。每次免疫接种后抽样对猪只免疫抗体监测，对免疫抗体水平不达标，立即补免。持续两年。

③在上述措施的基础上，按轻度感染场净化方案处理。

（4）综合措施

①定期对猪舍及周边环境消毒。

②禁止在猪场内饲养其他动物。

③在猪场内实施灭鼠措施。

99. 猪细小病毒病流行的新特点和流行趋势是什么？

猪细小病毒（PPV）属于细小病毒科细小病毒属，主要引起初孕母猪的繁殖障碍和仔猪死亡，近年来与其他病毒混合感染发生较多，是导致很多疾病综合征的病原之一。

（1）流行的新特点和新情况

①流行范围广：近年来，PPV 感染呈扩大上升趋势，并呈现出新的流行特点，给养猪业造成了巨大的经济损失。从 1986 年至今，我国学者对全国很多省市进行了 PPV 的流行病学调查和研究，结果表明，在全国各地均有 PPV 的流行。已有文献报道的包括四川、山

东、河南、河北、广西、江西、云南和黑龙江等地。

②出现了多个临床表现型：早期研究发现，由 PPV 引起的疾病主要是初孕母猪繁殖障碍，但是随着研究的深入发现，PPV 还能引起仔猪的皮肤炎症和肠炎性腹泻，这些疾病在临床表现和病理特点上各不相同。目前比较明确的是 3 个临床表现型：母猪繁殖障碍和仔猪死亡、仔猪皮炎、仔猪肠炎性腹泻。

③季节性越来越不明显：尽管 PPV 病有一定的季节性，但随着集约化的发展，季节性越来越不明显，一年四季均可发生，春秋两季及母猪配种后更易感染，应该引起足够的重视。

④持续感染：PPV 病的传染源非常广泛。可以是感染了 PPV 的母猪，感染形式为 PPV 通过胎盘传给胎儿形成垂直传播；也可以是被感染的种公猪，在交配过程中通过精液将病毒传染给母猪；另外由感染 PPV 的母猪产出的活的带毒弱仔猪也是一个主要的传染源。

⑤混合感染：PPV 与猪瘟病毒（CSFV）、猪伪狂犬病病毒（PRV）、圆环病毒 2 型（PCV2）和猪繁殖与呼吸综合征病毒（PRRSV）的混合感染十分严重。

（2）可能的流行趋势

①仍是引起母猪繁殖障碍和仔猪死亡的主要病原。PPV 感染是引起母猪繁殖障碍的主要原因，也是引起仔猪死亡的主要病原。

②混合感染和其他临床型：今后 PPV 和其他病毒的混合感染会加剧，而且会出现很多不同的形式，并不仅仅局限于以前的认识（只是造成母猪的繁殖障碍和仔猪死亡），目前已经知道的是参与肠炎、皮炎、呼吸道症状、PMWS、PRDC 等，以后可能会有更多的新情况出现。

③病毒对机体的破坏：病毒对母猪的破坏，还是以繁殖障碍为主，也破坏肺脏等呼吸器官和脾脏等免疫器官；而对小猪来说，破坏脾脏、性腺等，同时破坏心脏等核心器官，所以能造成死亡。这可以进一步说明 PPV 病毒的临床表现机理和造成母猪繁殖障碍与仔猪死亡的原因，且此现象今后会进一步加强。

④基因变异，毒力越来越强：有学者对收集到的毒株进行了序列测定，并对 GenBank 中收录的 PPV 毒株的序列进行进一步的分析发

现，所有弱毒疫苗株都存在127的重复序列，据此可以区分弱毒疫苗株和其他流行病毒株。

100. 猪细小病毒病的诊断要点是什么？

（1）发病机理 PPV感染猪的发病机理尚不完全清楚，部分研究结果表明，PPV对猪的影响主要分为两个方面：一是对母猪受精卵细胞的影响，二是对胎儿发育的影响。

（2）临床症状 怀孕母猪出现繁殖障碍，如流产、死胎、产木乃伊胎、产后久配不孕等。其他猪感染后不表现明显的临床症状。

猪群暴发此病时常与木乃伊胎、窝仔数减少、母猪难产和重复配种等临床表现有关。在怀孕早期30～50天感染，胚胎死亡或被吸收，使母猪不孕和不规则地反复发情。

怀孕中期50～60天感染，胎儿死亡之后，形成木乃伊胎，怀孕后期60～70天以上的胎儿有自免疫能力，能够抵抗病毒感染，则大多数胎儿能存活下来，但可长期带毒。

（3）病理变化 病变主要在胎儿，可见感染胎儿充血、水肿、出血、体腔积液、脱水（木乃伊化）及坏死等病变。

（4）初步诊断 根据流行病学、临床症状和病理变化可做出初步诊断，确诊需进一步做实验室诊断。

（5）实验室诊断

①病原分离：取流产胎儿、死产仔猪的肾等材料处理后接种细胞进行病毒分离。病料采集：取流产胎儿、死产仔猪的肾、睾丸、肺、肝、肠系膜淋巴结或母猪胎盘、阴道分泌物，制成无菌悬液，备用。

②病原鉴定：免疫荧光试验、PCR诊断试验、分子杂交试验。

③病毒抗原的检查。PPV荧光抗体直接染色法：在荧光显微镜下观察，若发现接种的细胞片中细胞核不着染，即可确诊。PPV酶标抗体直接染色法：在普通生物显微镜下观察染色情况，若未接种PPV的正常对照细胞片中细胞核无棕色着染现象，而接种的PPV的细胞片中细胞核着染，即可确诊。PPV血凝试验：若发现稀释后的样品有凝集红细胞的现象，而正常PBS红细胞对照无自凝现象，则

可认为样品可疑，还需用特异性的 PPV 标准阳性血清作血凝抑制试验，如能抑制样品的血凝现象，即可确诊为 PPV。

④血清学检查：血凝和血凝抑制试验（最为常用）。PPV 血清中和试验、酶联免疫吸附试验、免疫荧光试验。

101. 怎样预防猪细小病毒病？

猪细小病毒是引起妊娠母猪繁殖障碍的主要病原体之一，其特征是受感染的母猪特别是初产母猪表现为流产、产出死胎、木乃伊胎儿和畸形胎儿，或产仔数少。有时还可导致公、母猪不育。

（1）主要症状　是妊娠母猪流产，但由于感染病毒的时期不同而表现有所不同。怀孕初期（30 日龄以内）感染时，则因胎儿的死亡而被吸收，使母猪不孕和无规律地反复发情；怀孕中期感染时，则胎儿死亡后，逐渐木乃伊化，在分娩时产程延长而造成死产等；在怀孕后期（70 日龄以后）感染则大多数胎儿能存活，且外观正常，但可长期带毒排毒。

（2）本病最多见于初产母猪　母猪首次感染后可获得坚强的免疫力，甚至可终生获得免疫。感染母猪不见明显的临床症状，受感染的胎儿则表现不同程度的发育障碍和生长不良，或出现木乃伊胎儿、畸形胎儿、骨质溶解腐败的黑化胎儿等。

（3）本病无特效的治疗药物　没有治疗意义，重在预防。预防该病的基本原则有三条：

①防止带毒母猪进入猪场，坚持自繁自养，及时淘汰病猪。来自木乃伊窝的活仔猪，可能是本病毒的携带者，不要留作种用，也不要在头胎母猪的后代中选留种猪。母猪特别是初产母猪患细小病毒病后，常产下木乃伊状死胎。预防此病要将后备母猪与经产母猪隔离饲养。

②做好猪细小病毒油佐剂灭活疫苗的预防注射工作。种公猪每半年免疫 1 次，母猪在断奶后，初产母猪在配种前施行接种。待初产母猪获得自动免疫后再繁育配种，在流行地区，将初产母猪的配种时间推迟至 9 月龄，因为这时通过疫苗接种等，已产生了被动免疫；经常

检查种公猪的感染状况，淘汰阳性公猪，以免间接传染。

③做好场内场外消毒工作，杜绝病毒传播途径。

102. 如何诊断猪乙型脑炎？

猪乙型脑炎是由乙型脑炎病毒引起的一种严重的人畜共患虫媒病毒性疾病，猪常为性成熟时易感，表现症状为沉郁、嗜眠、怀孕母猪繁殖障碍，公猪睾丸炎。

（1）病原与流行 乙型脑炎病毒简称乙脑病毒。乙脑病毒在环境中不稳定，易被消毒剂灭活。病毒对乙醚、氯仿和脱氧胆酸钠、蛋白水解酶和脂肪水解酶敏感。

蚊虫是该病的主要传播媒介，故常于夏季流行。猪是本病最重要的传染源和储存宿主。猪的饲养量大且每年因大量屠宰致使猪群更新快，新出生的猪均无免疫力且易感，经过一个乙脑流行季节后，几乎100%的幼猪均受到蚊虫叮咬而感染，从而成为新的传染源。

（2）临床症状

①仔猪感染乙脑后症状为：发高烧、精神委顿、卧地、减食、口渴，结膜潮红，粪呈干球状，尿少色深，有的猪后肢呈轻度麻痹，步态不稳，关节肿大，跛行，部分病猪出现视力障碍，乱冲乱撞；育肥猪主要表现为持续高热。

②公猪发生睾丸炎，一侧性或两侧睾丸肿胀（图 3-33），阴囊皱襞消失、发亮，疼痛、温度升高，3～5 天后消退，少数病猪睾丸缩小，变硬，丧失种用能力。

③母猪感染该病后主要表现为繁殖障碍（图 3-34）：妊娠母猪突然发生流产、早产或延时分娩，产出死胎、木乃伊胎和弱胎，流产胎儿水肿、脑膜充血、皮下水肿、淋巴结充血、肝脾有坏死灶；部分仔猪出生后几天痉挛死亡。

（3）病理变化 新生仔猪感染乙脑后很难见到肉眼可见的病变。流产胎儿脑水肿，皮下血样浸润，肌肉似水煮样；木乃伊胎儿从拇指大小到正常大小；存活的弱仔可见到脑水肿，皮下水肿，胸腔积液，腹水、浆膜小点出血、淋巴结充血，肝和脾内有坏死灶，脑膜脊髓充

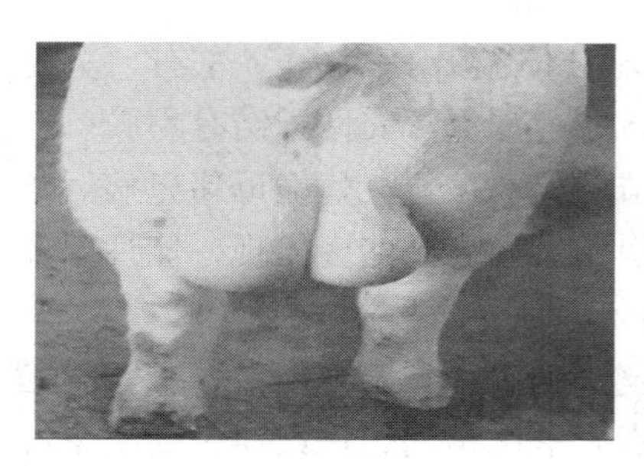

图 3-33　公猪发生睾丸炎，一侧性或两侧睾丸肿胀

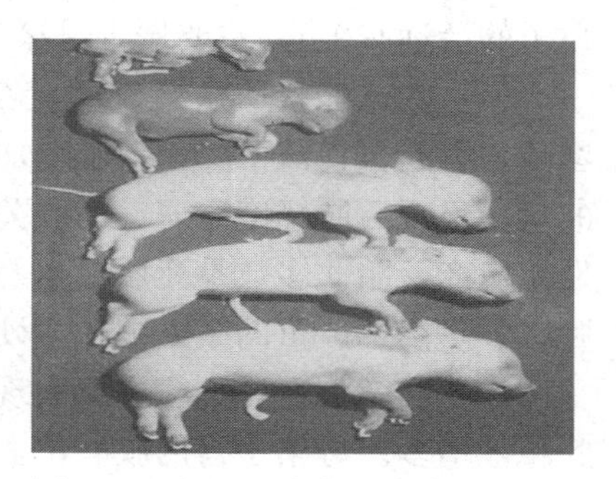

图 3-34　怀孕母猪产出死胎、木乃伊胎

血等。

流产母猪子宫内膜充血、水肿，黏膜有少量小点状出血，上覆有黏稠的分泌物。公猪睾丸肿胀，切开肿胀的睾丸，可见鞘膜与白质间积液，有不同程度充血，睾丸实质充血，有许多大小不等小颗粒状坏死灶，附睾边缘和鞘膜脏层纤维性增厚，阴囊与睾丸粘连。

（4）诊断　根据流行情况、临床症状、病理变化和母猪产仔情况，可初步诊断。但由于乙脑临床症状与许多疾病相似，故必须进行实验室确诊。可采取因本病而流产或早产的胎儿，采取死亡仔猪或存活仔猪吮乳前的血液，同时采取死产仔猪的脑组织，低温保存，送实验室检查。

实验室诊断包括病原检测和血清学诊断：病原学检测方法包括病毒的分离、鉴定，反向被动血凝试验，免疫组织化学法和 PCR 诊断方法等。用于乙脑诊断的血清学方法，包括乳胶凝集试验、补体结合试验、血凝抑制试验、中和试验、斑点免疫渗滤试验、酶联免疫吸附试验、间接免疫荧光试验、间接血凝试验、放射免疫测定、免疫电镜技术等。

103. 怎样控制猪乙型脑炎？

本病是流行性乙型脑炎病毒所致的一种人畜共患传染病，不同年龄、性别和品种的猪都可感染发病。一般在夏季至初秋发病较高（与蚊子的活动有关），主要侵害母猪和种公猪。

（1）临床症状 病猪发病较突然，体温升高至41℃左右，呈稽留热，喜卧，食欲下降，饮水增加，尿色深重，粪便干结有黏膜。有的病猪呈现后肢轻度麻痹，后肢关节肿大、跛行。妊娠母猪患病后常发生流产，胎儿多数是死胎或木乃伊胎。患病公猪多出现一侧性睾丸肿胀、发热，严重的睾丸缩小变硬，失去种用性能。

（2）剖解病变 剖检主要表现脑、脑膜和脊髓膜充血，脑室和髓腔积液增多。母猪子宫内膜有出血点，淋巴结周边性出血。公猪睾丸肿大，切开阴囊时，可见黄褐色浆液增多，睾丸切面有斑状出血和坏死灶；睾丸萎缩的切开阴囊时，发现阴囊与睾丸粘连。

（3）防治措施

①本病主要是由蚊虫传播，故要采取措施减少蚊虫滋生与灭蚊，可用战影，按商品说明书经常喷洒猪圈及环境。掌握好配种季节，避免在天热蚊虫多时产仔。

②对病猪要隔离治疗。猪圈及用具、被污染的场地要彻底消毒。死胎、胎盘和阴道分泌物都必须妥善处理。

③本病目前尚无有效疗法，为防止并发症，对病猪可用抗生素或磺胺类药物。也可试用下列处方：生石膏、板蓝根各120克，大青叶60克，生地、连翘、甘草各30克、黄芩18克，水煎后1次灌服，小猪分两次服。

安溴注射液10～20毫升，静脉注射，或巴比妥0.1～0.5克内服，或10%水合氯醛5～10毫升，静脉注射。5%葡萄糖200～500毫升，维生素C 5～10毫升，静脉注射。针灸：主穴取天门、脑俞、血印、大椎、太阳，配穴取鼻梁、山根、涌泉、滴水。

④对4月龄以上至2岁的后备公母猪或于流行期前1个月进行乙型脑炎弱毒疫苗免疫注射，免疫后1个月产生坚强的免疫力，可防止妊娠后的流产或公猪睾丸炎。

104. 猪口蹄疫病毒有哪些血清型？

猪口蹄疫病毒现有7个血清型，即O、A、C、SAT1、SAT2、

SAT3（即南非1、2、3型）以及Asia 1（亚洲1型）。每个型又进一步划分为亚型，已知有80个以上的亚型，各型之间无交叉免疫，同型内各亚型间交叉免疫力不同，不能保证都有完全的交叉免疫，这导致口蹄疫病毒具有多型性、易变异的特点。本病毒在水疱皮和水疱液的含量最高。我国分布的口蹄疫的病毒型为O、A型和亚洲1型。

105. 猪口蹄疫应该怎样进行免疫？

猪口蹄疫的预防接种可用灭活苗或猪用弱毒苗，接种前应注意先测定发生的口蹄疫型，然后再进行接种。现在生产的猪O型口蹄疫，BEI(二乙烯亚酯)灭活油佐剂苗,免疫效力很好,免疫保护期可达6个月。

(1) 现在一般的免疫程序　种公猪每年接种3次，后备母猪配种4周前接种，怀孕母猪分娩1.5个月前接种；非免疫母猪所产仔猪在断奶时首免，20～30天加强免疫1次，100日龄或外调前4周再接种1次。免疫母猪所产仔猪45～50日龄首免，70～80日龄二免（外调则在出场前4周加强免疫1次）。外购仔猪进场后隔离48小时后接种，20～30天后加强免疫1次。剂量：体重10～20千克猪每头1毫升，25千克以上每头2毫升。耳根后肌内注射。

(2) 注意事项

①临产前1个月猪、1.5个月未断奶仔猪禁用，患病、瘦弱猪禁用。

②疫苗注射后1～3天猪可出现局部肿胀、体温升高、减食或停食1～2天，个别可出现过敏反应。

③如出现呼吸加快、肌肉震颤、可视黏膜充血水肿、口角出现白沫、鼻腔出血等症状，甚至突然死亡，可对症治疗，如肌内注射肾上腺素。

106. 猪流感的临床症状是什么？怎样防治？

(1) 猪流感的临床症状

①本病在潜伏1～3天后，突然发生，猪群中多数猪同时出现症

状，表现厌食、迟钝、衰竭、蜷缩，病猪挤在一起（图 3-35），结膜充血，眼、鼻流出浆液性分泌物。

②猪群反应迟钝，病猪不愿走动，甚至强烈地驱赶也不动。

③出现急促和腹式呼吸（图 3-36），特别是强迫病猪走动时更明显，伴发严重的阵发性咳嗽。

④体温可高达 40.5～41.7℃，出现结膜炎、鼻炎、鼻腔分泌物及打喷嚏。

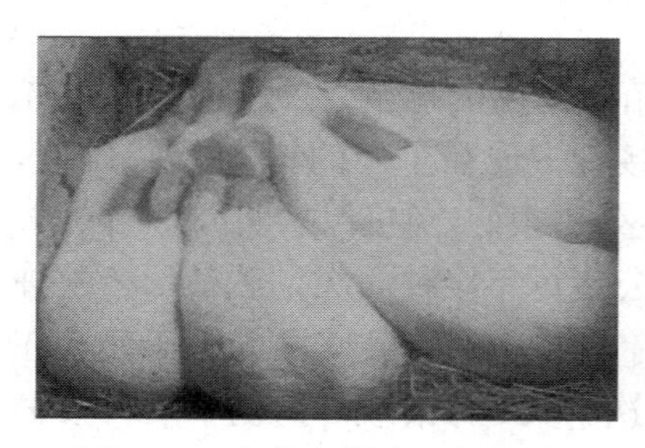

图 3-35　病猪发热，恶寒怕冷，常聚成堆

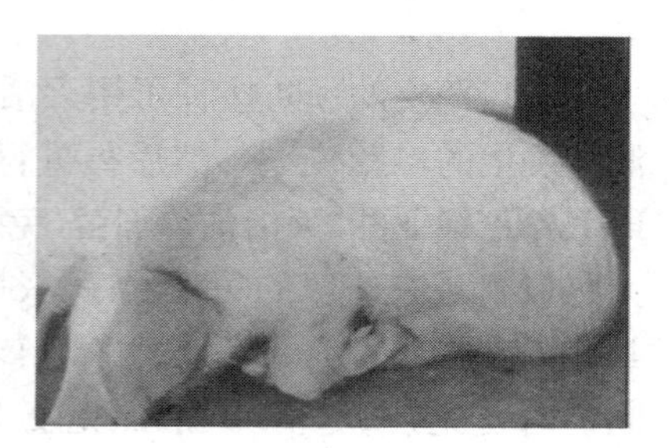

图 3-36　病猪呼吸困难，剧烈咳嗽

由于厌食，病猪体重明显下降，衰弱。本病发病率高（100%），但死亡率低（通常不到 1%），除非发生并发感染或继发。一般说来，发病后 5～7 天开始迅速恢复。上述典型的流感急性暴发，一般只发生在完全易感的血清阴性猪群中，有母源抗体的仔猪一般不发病。并发感染是流感病毒感染中最重要的复杂因素，多年来的实践已知可继发感染呼吸道细菌，如胸膜肺炎放线杆菌、多杀性巴氏杆菌、副猪嗜血杆菌和猪链球菌，由于继发感染使流感病毒感染更加严重，病程更加复杂。

（2）预防本病　由于目前还无效果好的商品疫苗，可在流行地区的流行季节，就地采取病料分离病毒制成灭活疫苗。在阴雨潮湿和气候变化急剧的季节，应特别注意猪群的饲养管理，保持猪舍清洁、干燥、防寒、保暖、定期驱虫。尽量不在寒冷多雨，气候骤变的季节长途运输猪，发现猪流感，要采取隔离措施。病猪急宰，并加强猪群的饲养管理。猪圈、工具和饲槽要严格消毒，以防止本病的扩散蔓延。

（3）治疗　本病无特效疗法。5-碘脱氧尿苷对猪流感病毒有抵抗

作用，但对机体有毒性。为了控制继发性感染，可全群猪给予抗生素和磺胺类药物。

①解热镇痛，可肌内注射30%安乃近3～5毫升或复方氨基比林5～10毫升。

②柴胡6克，藁本12克，茯苓皮12克，枳壳12克，陈皮18克，薄荷18克，菊花15克，紫苏16克，生姜为引，煎服。

③金银花、连翘、黄芩、柴胡、牛蒡子、陈皮、甘草各10～15克，煎水内服。

④重要的是良好的护理。提供舒适的垫料、无灰尘的圈舍是最重要的。

⑤猪舍保持清洁、干燥、温暖、无贼风袭击。应供给充分的饮水，水中放一些祛痰剂，可减轻症状，缩短病程。康复后的前几天，要限制饲料供给。

⑥在发病期间不得骚扰或移动病猪。

107. 怎样鉴别猪细小病毒、乙型脑炎和伪狂犬病？

鉴别猪细小病毒、乙脑和伪狂犬病可以从流行病学特点、临床症状、病理剖解等方面进行。

（1）从流行病学特点上进行鉴别

①流行季节：猪流行性乙型脑炎有明显的季节性，即蚊虫活动的夏季和秋季较为多发。猪伪狂犬病，多发生于春、冬季节和产仔旺季。细小病毒病的发生与季节关系密切，多发生在每年4～10月份或母猪产仔和交配后的一段时间。

②发病年龄：猪细小病毒病易感性随性成熟而增大，5～6月龄阳性率为8%～29%，11～16月龄阳性率可高达80%～100%；猪乙型脑炎不同年龄段都易感；猪伪狂犬病临床表现具有明显的年龄差异。

③传播途径：猪细小病毒病通过接触污染源、胎盘和精液传播；猪乙脑主要通过蚊虫叮咬传播；猪伪狂犬病主要通过呼吸道、消化道、损伤的皮肤传播。

（2）从临床症状上进行区别 发病母猪都表现为多次发生不孕、流产或产出死胎、木乃伊胎，新生仔猪活力弱等共同症状。

①猪细小病毒病除以上症状外，母猪无其他症状，其他猪也大多无症状。

②乙型脑炎病猪多有神经症状，高热稽留，个别后肢轻度麻痹。

③猪伪狂犬病初生仔猪症状比较严重，高热、呼吸困难、四肢运动失调、转圈、呕吐、下痢，若神经症状出现于发病初期，死亡率可达100%，青年猪症状较轻，病死率低。

（3）病理组织学进行鉴别

①猪乙型脑炎：流产母猪子宫内膜显著充血、水肿，黏膜表面覆盖多数黏液性分泌物，刮去分泌物可见黏膜糜烂和小点状出血，黏膜下层和肌层水肿，胎盘呈炎性反应。早产仔猪多为死胎，死胎大小不一，黑褐色，小的干缩而硬固，中等大的茶褐色，暗褐色，皮下有出血性胶冻样浸润，发育到正常大小的死胎，常由于脑水肿而头部肿大，皮下弥散性水肿，腹水增量，肌肉呈熟肉样，各实质性器官变性，散在点状出血，血液稀薄不凝固，胎膜充血并散在点状出血，脑、脊髓膜出血并散在点状出血。

②猪细小病毒病：妊娠母猪黄体萎缩、子宫黏膜上皮和固有层有局灶性或弥漫性单核细胞浸润。死胎或死产的仔猪取脑作组织学检查，可见非化脓性脑炎变化，血管外膜细胞增生，浆细胞浸润，在血管周围形成细胞性“管套”，主要见于大脑灰质、白质、脑软膜、脊髓和脉络丛。肺、肝、肾等的血管周围也可见炎性细胞浸润。还可见间质性肝炎、肾炎和伴有钙化的胎盘炎。

③猪伪狂犬病：肝实质中有大量大小不等的分界明显的坏死灶，多位于肝小叶周边区，坏死组织呈凝固性、粉红色，色彩深浅不一，其中分布着多量蓝紫色坏死崩解的细胞核碎粒，周围附近小血管充血，血管周围间隙有少量淋巴细胞和单核细胞浸润。脾组织内有许多分界清晰的坏死区，在坏死区内粉红色坏死物中混杂着多量的蓝染的细胞核崩解颗粒及一些红细胞。脑实质中小血管扩张充血，周围有淋巴样细胞，组织细胞呈围管浸润，即形成“脑血管套”。神经胶质细胞弥漫性或局灶性增生，可见多个神经细胞坏死崩解，神经细胞核胶

质细胞的核内可见嗜酸性包含体。

（4）防治措施 猪繁殖障碍疾病目前无良好的治疗药物，主要依靠注射疫苗预防。

①猪细小病毒病的预防：初产母猪和育成公猪在配种前1～2个月接种疫苗。

②乙型脑炎的预防：对后备母猪在5～6月龄注射弱毒苗或灭活苗，每年两次，其他猪应在流行季节来临前一个月注射灭活苗。

③猪伪狂犬病的预防：母猪配种前及临产前1个月左右预防注射疫苗。

108. 如何防治猪传染性胃肠炎？

（1）饲养方式 本病极易传入猪场，猪场应坚持自繁自养，如确实需要引进种猪，则应避免从疫区或发病猪场引进，并对引进的种猪严格检疫，隔离观察1个月以上，确实无病时方可合群。禁止闲杂人员及车辆进入猪场范围内，并做好猪场的灭鼠、除蝇、杀虫工作。

（2）免疫 可使用传染性胃肠炎和轮状病毒二联苗进行免疫接种，母猪在分娩前5周和2周进行，可使仔猪获得良好的被动免疫抗体，有效防止该病的发生。对曾发生过传染性胃肠炎病的猪场，应在秋季和冬季对保育期仔猪进行免疫接种。

（3）加强饲养管理 实施全进全出的生产模式，分娩舍应重视做好保温工作，特别是春季，日夜温差较大，应注意防寒保暖，保持猪舍干燥、清洁卫生；尽早使初生仔猪吃足初乳。在猪群各阶段饲料中添加免疫增强剂，提高对疾病的抵抗力。

（4）环境消毒 做好猪场的清洁卫生和消毒工作，临产母猪转入分娩舍前，应用温水擦洗干净并进行彻底消毒。生长育成舍每周应进行不少于2次的带猪消毒工作，选择在中午天气最暖和时进行，消毒要均匀、彻底。

（5）生长育成舍猪群发病时措施 应立即封锁发病猪场和生长育成猪舍，隔离病猪，对猪舍内外环境及用具、运输工具等进行严格消毒。生长育成舍工作人员应与其他猪舍特别是分娩舍的工作人员严格分开居住，分娩舍应固定饲养人员，避免发病猪舍的病原传染至哺乳仔猪而造成严重的损失。

（6）分娩舍哺乳仔猪发病时措施 应加强保温，加强饲养管理，提供温暖、干燥、无贼风的环境；并补充适量的电解质溶液，维持体内酸碱平衡，防止仔猪因脱水酸中毒而死亡，降低死亡率。可应用以下配方进行治疗：氯化钾 1.5 克、碳酸氢钠 2.5 克；氯化钾钠 3.5 克、葡萄糖 20 克、“加康” 50 克加入 1 000 毫升水，每头仔猪喂服 5 毫升；每日 5 次，痊愈为止。使用含有溶菌酶的“洁体健”等环境调节剂，洒在患病猪水样腹泻粪便上，或涂在母猪乳头让仔猪食用，对控制仔猪腹泻有一定效果。当哺乳母猪发病，厌食无乳时，可用代乳品喂服仔猪，并通过腹腔注射 5%葡萄糖生理盐水补液可加入适量的链霉素预防发生细菌的继发感染，以减少死亡。

（7）防止混合感染 抗生素药品虽然对传染性胃肠炎病毒无效，但为了防止生长育成猪感染其他细菌性疾病导致混合感染，造成死亡率上升，仍应使用抗生素进行控制。可在生长育成舍猪的饮水中添加抗生素和抗病毒药物，在每吨饮水中加 1 500 克“安泰”、5 000 克葡萄糖粉，供猪连续饮用 5～7 天，防止猪感染其他细菌性疾病导致继发感染和混合感染而造成死亡率上升。同时肌内注射痢菌净和黄芪多糖注射液，连用 2～3 天。也可在饮水中添加适量高锰酸钾等收敛作用较好的药物。

（8）成年猪采用措施 育成猪、种公母猪可不用治疗，而通过加强饲养管理，提高其抵抗力，使其自然康复。

（9）治疗 猪场可试制自家抗猪传染性胃肠炎病毒血清，可选 4 月龄的健康生长猪，注射猪传染性胃肠炎弱毒疫苗 2 头份，1 月后再注射 5 头份，再过 1 月左右，屠宰并分离血清，在血清中加入适量青霉素，存放于－10℃的冰箱备用，用时自然溶化，恢复至常温后每头猪注射 2～5 毫升，临床有效率可达 60%以上。

109. 怎样防治猪球虫病？

猪球虫病是由猪等孢球虫和某些艾美耳属球虫寄生于哺乳期及新

近断奶的仔猪小肠上皮细胞所引起的以腹泻为主要临床症状的原虫病。在成年猪群，虽有球虫寄生，但一般不引起临床表现，多呈带虫现象，而成为本病的传染源，尤其是母猪带虫，常引起一窝仔猪同时或先后发病或死亡，引起较大的经济损失。

（1）基本情况　哺乳期及新近断奶的仔猪，以8～15日龄多发，此病又称“10日下痢”；成年猪多为带虫者，不表现临床症状。病猪和带虫者是传染源。主要经消化道感染，即“病从口入”。常年可感染发病，但以夏、秋季节发病率最高。大部分仔猪都是因感染了前一窝遗留下来的卵囊而发病（图3-37），因为猪球虫卵囊不仅能抗干燥，还耐受几乎所有消毒剂。

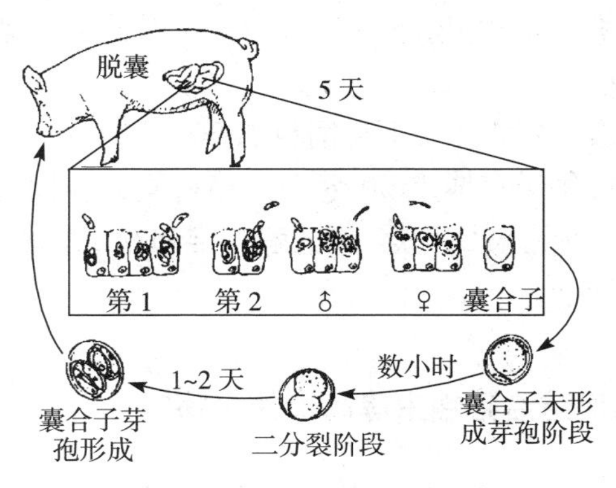

图3-37　猪球虫卵囊的感染史

（2）预防措施　坚持自养自繁、全进全出的科学养殖制度；猪舍应定期消毒，经常打扫，清除粪便和垫草，保持圈舍清洁干燥，对于环境用甲醛、戊二醛、环氧乙烷熏蒸法消毒；或用过氧乙酸喷雾法、加热火焰法消毒；也可用3%～5%的火碱水消毒。要将产房彻底清除干净，用50%以上的漂白粉或氨水复合物消毒几小时或过夜和熏蒸。常发该病猪场，可以尝试用疫苗进行免疫预防。

饲养员进入产房，必须要更换衣服和鞋，以防携带虫卵在产房传播。母猪在进产房前，应检查粪便卵囊含量，若较高，应喂服三字球虫粉，有效成分每千克体重24毫克，3～5天，并全身刷洗、消毒。仔猪出生3天后，避免交叉哺乳，各产房栏的清扫、饲喂用具不要混用，以防感染扩散。仔猪一旦腹泻，应更换垫料或躺板，灌服三字球虫粉，有效成分每千克体重24毫克，3～5天。饮水中添加电解质多种维生素。同时防止宠物（猫、犬）进入产房而携带卵囊在产房中散布。严格执行消毒制度，定期驱虫，消灭蚊蝇、鼠类，切断卵囊传播途径，杜绝传染源。

（3）治疗方案

①磺胺类：磺胺二甲基嘧啶、磺胺间甲氧嘧啶、磺胺间二甲氧嘧啶等，以0.012 5%的浓度，混于饲料中，首次用量加倍，连用5天，停药3天后再用5天。

②抗硫胺素类：氨丙啉、复方氨丙啉、强效氨丙啉、特强氨丙啉、SQ氨丙啉，每千克体重20毫克，口服。

③均三嗪类：杀球灵、百球清，3～6周龄的仔猪口服，每千克体重20～30毫克。

④莫能霉素：每1 000千克饲料加60～100克。

⑤氯苯胍：每千克体重30毫克，拌料4天；同时给仔猪饮水中加鱼肝油（100克兑水250升）、电解多维和0.1%维生素C。脱水严重的可口服补液盐。

110. 如何防治猪蛔虫等肠道线虫病？

猪的肠道线虫主要有猪蛔虫、猪鞭虫、猪结节虫、猪钩虫和猪杆虫。其中以猪蛔虫和猪鞭虫分布较广，危害严重。

（1）主要症状 病猪精神较差，吃食少，逐渐消瘦、贫血、下痢，粪便带黏液。侵害肺部时，出现咳嗽，呼吸急促；侵害肠道时，出现呕吐，严重时卧地、腹痛，虫体导致肠阻塞（图3-38）或肠破裂。

（2）预防措施

①加强产仔母猪的管理，对产前母猪要全身擦洗，除去虫卵后，方可赶入消毒后的产房；产后尽量减少仔猪与母猪粪便的接触。进猪前对产房和猪舍进行彻底清洗和消毒，及时清除粪便和垫草，粪便与垫草应堆积发酵，猪舍用3%敌百虫喷洒消毒灭卵。

②喂给驱虫性抗生素，如潮霉素B和越霉素A，每1 000千克饲

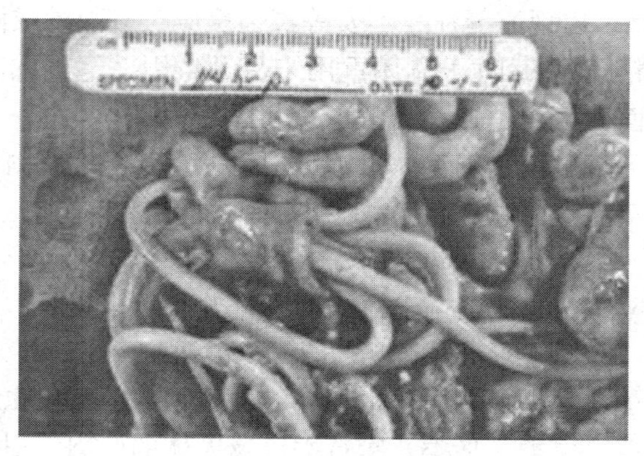

图 3-38　虫体阻塞肠管

料中添加 5～10 克。市售的得利肥素含越霉素 A 2%，每1 000千克饲料中添加 250～500 克，有良好的驱虫和促进生长作用。

③定期驱虫。散养育肥猪可在 3 月龄和 5 月龄各驱虫 1 次；国外专家推荐，对断奶仔猪驱虫 1 次，并在 4～6 周后再驱虫 1 次。规模化饲养场，首先对猪全部驱虫；以后公猪每年至少驱虫 2 次；母猪产前 1～2 周驱虫 1 次；仔猪转群时驱虫 1 次；后备猪配种前驱虫 1 次；新引进猪须驱虫后再和其他猪并群。

（3）治疗方法

①盐酸左旋咪唑：每千克体重 10 毫克，可混入饲料或饮水中给予。

②驱蛔灵（枸橼酸哌吡嗪）：每千克体重 0.2 克，混入饲料内喂服。

③丙硫苯咪唑（抗蠕敏）：每千克体重 30 毫克，内服。

④噻嘧啶酒石酸盐：每千克体重 20～30 毫克，一次内服。

⑤噻苯唑：每千克体重 50～150 毫克内服或按 0.1%～0.4%的比例混料喂服。

⑥民间"百虫绝"中药方：生二丑 30 克，炒杏仁 2 克，槟榔 24 克，君子肉 21 克，雄黄 15 克，雷丸 12 克，共为细末，加水分 4 次内服，日服一次，孕猪禁服。

⑦炒苦楝根皮法：需煎水内服，按每千克体重用药 5 毫克，服用

5～15 克为宜。出现流涎症、不安等毒性反应时应减量或停服。

⑧驱虫精：按每 10 千克体重用 1 毫升，用毛笔或棉花球将药液涂于耳朵背面即可。

⑨精制敌百虫：每千克体重 0.1～0.13 克，混入饲料内喂服（最大量不超过 7 克）。服药前绝食 12 小时，效果最佳。

111. 猪住肉孢子虫病有哪些危害？怎样防治？

住肉孢子虫是一种有两个宿主、与球虫相似的寄生虫。住肉孢子虫寄生于家畜、鼠类、鸟类、爬行类以及人体的肌肉，引起症状以肌肉病变为主。犬、猫和人等是住肉孢子虫的终末宿主，草食动物、猪、鸟类、爬行类和小啮齿动物为中间宿主。

（1）分类 寄生于猪的住肉孢子虫、猪-猫住肉孢子虫、猪-人住肉孢子虫三种，至今已知米氏住肉孢子虫，其终末宿主为犬；猪-猫住肉孢子虫，终末宿主为猫；猪-人住肉孢子虫，其终末宿主为人。

（2）感染历程 住肉孢子虫的生活史由有性生殖和无性生殖两个阶段组成。有性生殖是在终末宿主猪、猫、人的小肠中进行的，所产生的卵囊随终末宿主的粪便排出体外，之后卵囊孢子化形成子孢子而具有感染性。当这种卵囊或其释放出的孢子囊或子孢子被猪吞食后，子孢子进入肠壁血管内皮细胞进行裂殖生殖，产生大量的裂殖子，裂殖子再经血液循环带到肌肉内发育为虫囊。终末宿主吞食了肌肉中的成熟虫囊而受感染，虫体在其体内进行有性生殖，形成卵囊（图 3-39）。

（3）临床症状 由猪-猫住肉孢子虫引起的，可发生腹泻、肌炎、跛行、衰弱等；由米氏和猪-人住肉孢子虫引起的，可出现急性症状：高热、贫血、全身出血、母猪流产等。

（4）剖解病变 肉眼观察肾脏褪色，胃肠黏膜充血，肌肉除呈水肿样、褪色、小斑点外，陈旧病灶出现钙化。病理组织学检查，在肌纤维间发现胞囊体，伴有轻度的细胞浸润。肺充血、胸水、腹水增多，肌纤维间可发现住肉孢子虫。

（5）诊断 活体诊断比较困难，须通过临床症状、流行病学资

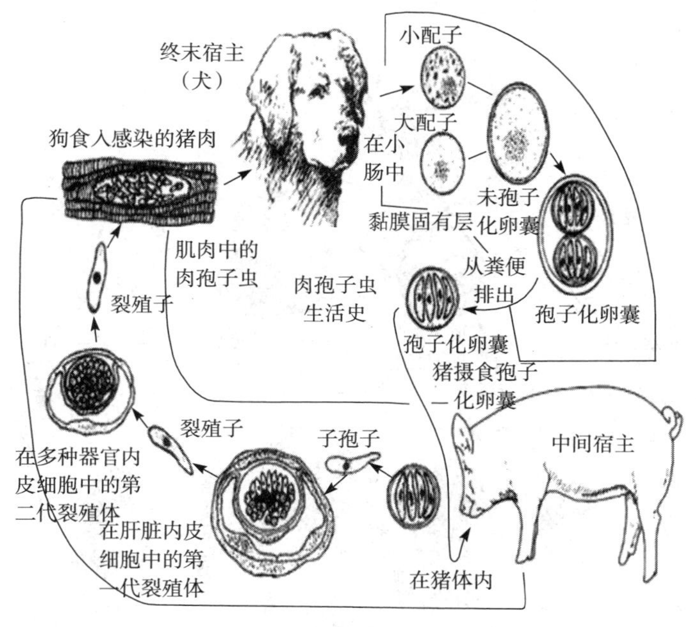

图 3-39 猪住肉孢子虫的感染史

料，结合血清学方法进行确诊。死后则主要靠剖检发现肌肉组织存在住肉孢子虫包囊而作出确诊。目前血清学诊断方法有间接血凝试验、酶联免疫吸附试验等。

(6) 防治措施 无特效治疗药。预防应注意猪与猫犬不要混在一起，猪不要散放，人、犬、猫不吃未煮熟的猪肉等。平时注意环境卫生的消毒工作。对病畜肉尸进行无害化处理后，方可利用。

112. 猪隐孢子虫病的临床症状有哪些？怎样防治？

猪隐孢子虫病是由感染小球隐孢子虫所引起的，是一种人畜共患病。隐孢子虫与普通球虫不同，它们生活在肠上皮细胞刷状缘。从粪便中排出的虫卵是完全孢子化卵囊（图 3-40）。

(1) 临床症状 该病一般呈亚临床症状；如果出现临床症状则表现为 12 周龄内的仔猪出现出血性腹泻。

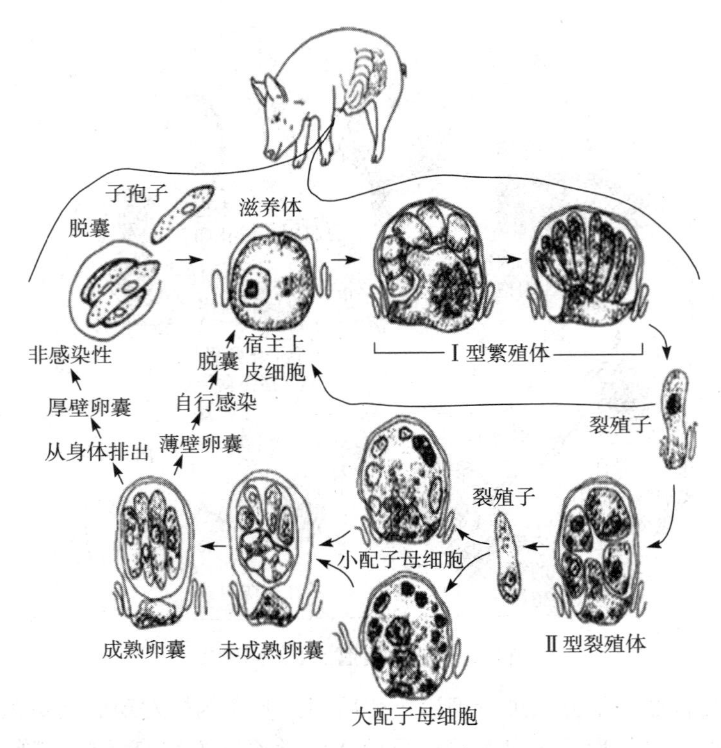

图 3-40　猪隐孢子虫的感染史

（2）剖解病变　隐孢子虫常寄生于回肠、空肠、盲肠和结肠；一般无肉眼可见病变。

（3）诊断　可以通过组织切片，查找各发育阶段的隐孢子虫；也可用粪便漂浮法查找虫卵进行诊断。

（4）防治措施　没有治疗方法；改善环境卫生对控制该病可能有效。

113. 猪密螺旋体病的临床症状有哪些？怎样防治？

猪密螺旋体病（又称猪痢疾）是由猪痢疾密螺旋体引起的一种危害严重的肠道传染病，不同品种、年龄的猪均可感染，以2～3 月龄仔猪发生最多。

（1）临床症状　病猪病初发热，体温升高至40℃以上，全身发红，精神沉郁，食欲不振，体重减轻，饮水量增加，皮毛粗乱，先拉黄色或灰白色软便，有的拉黑色稀便，约经1天，变为血痢或黏液性血痢，呈糊状，内有大量黏液血块或脓性分泌物，其味腥臭，有的粪便带假膜，行走摇晃，消瘦。严重者起立困难，极度衰弱，拱背吊腹，脱水消瘦，排粪失禁，肛门周围及尾根被粪便污染，共济失调，最后全身寒颤，在抽搐状态下死亡，病程4～5天。个别转为慢性型，生长发育受阻，有的成为僵猪。

（2）预防措施

①规模养猪要坚持自繁自养，不从疫区引进种猪，如确需从疫区引进，要了解当地的疫情，引进的猪只应隔离观察1个月以上，健康者方可合群饲养。

②第一次发现病猪，应果断采取措施，确定此类病猪后，对同一圈猪全部淘汰作无害化处理；场地进行严格消毒，不留死角，特别是猪粪便要放入高温发酵池处理。对发病猪隔离，对死猪妥善处理，彻底清除圈舍中的粪便、垫草，用3%来苏儿对畜舍地面、排泄物消毒，用5%过氧乙酸对畜舍墙壁、食槽、用具进行消毒。注意观察猪群的病情，并加强饲料管理，才能收到比较好的效果。

③规模猪场要完善各项防疫制度，落实各项防疫措施。

④本病的发生与应激因素有关，如运输、气候变化及饲料的改变等，猪不适应，故应尽量减少应激因素。在引进种猪时，要选择好天气，猪进场后应先喂给抗应激药物，再喂饲料。

⑤平时必须做好猪舍环境的清洁卫生工作，定期进行消毒，并注意消灭鼠害和蚊蝇。

（3）治疗方案

①对病猪用0.5%痢菌净按每千克体重0.5毫升，每天2次，分上、下午分别给药，连用3～5天，对重症病猪还应配合补液、收敛等对症治疗。

②全群猪每千克饲料混饲杆菌肽锌500毫克，盐酸多西环素100毫克，硫酸新霉素300毫克，轮流交替使用，连续7天。痢菌净，按每千克饲料150毫克喂服。

③彻底清扫圈舍中的粪便等污物，并用2%烧碱水带猪消毒，坚持每天1次或用1∶2 000～3 000百毒杀进行带猪泼洒消毒，以后5～7天消毒1次，共3次。其间加强人员车辆进出猪厂的消毒，饲养员不准串舍，用具不乱用。

114. 猪钩端螺旋体病的临床症状有哪些？怎样防治？

猪钩端螺旋体病潜伏期4～20天。病猪的临床表现大致可分为三种类型，即急性黄疸、亚急性和慢性流产等。

(1) 临床症状

①急性黄疸型：多发于大猪和中猪，呈散发性，可视黏膜黄染。病猪体温升高到40.5～41.5℃，皮肤干燥，继而全身皮肤发黄，尿呈浓茶样或血尿。病后数日，有时数小时内突然惊厥死亡。

②亚急性和慢性型：多发生于断奶后的小猪，呈地方性流行或暴发。病初体温升高，精神不振，厌食或食欲废绝，眼结膜潮红、水肿，有炎性分泌物，有时猪的上下眼睑都被脓性分泌物粘连在一起，耳部皮肤出现干性坏死，用力擦耳部，耳上皮肤易擦下来。几天后，眼结膜发黄或苍白浮肿。皮肤有的发红、瘙痒，有的发黄，有的上下颌、头部、颈部甚至全身水肿；尿液变为黄色或茶色，血红蛋白尿甚至血尿气味变腥，尿液沉渣增多、混浊，内有炎性絮状物；大便干燥甚至便秘，呈羊粪状。日渐消瘦，病程由十几天到1个多月不等，致死率50%～90%，恢复者生长迟缓。

图3-41　因感染猪钩端螺旋体引起流产死胎

③流产型：怀孕母猪感染后要发生流产，流产前母猪体温升高，不吃，体表皮肤发红，有的流产后发生急性死亡。流产胎儿有死胎、木乃伊胎（图3-41），也有活着但衰弱的胎儿，常产后不久死亡。怀孕母猪流产率可达

20%～65%。

（2）预防措施

①按照免疫规程进行猪钩端螺旋体多价疫苗免疫（人用的5价或3价菌苗也可应用），接种剂量为15千克以下的猪5毫升，15～40千克以上的猪8～10毫升，皮下或肌内注射。最好2次免疫，间隔2～6周。

②加强饲养管理，搞好圈舍内外环境卫生，对圈舍粪便定期清除，集中到指定地点进行生物热发酵。

③清除带菌排菌的各种动物，包括隔离治疗病猪，消灭鼠类等，消毒和清理被污染的水源、污水、淤泥、牧地、饲料、场舍和用具等，应用0.1%氢氧化钠溶液或20%生石灰乳进行消毒。

④按每千克饲料内加入土霉素1～1.5克，连喂1周，可消除猪的慢性带菌。

⑤定期驱虫，提高猪体抗病能力和加强免疫系统功能。搞好猪舍、运动场地的灭鼠工作，应用鼠药"速箭"消灭鼠类，防止鼠类带病原传播。

（3）治疗方案

①全群猪每千克饲料混饲强力霉素500毫克、三甲氧苄氨嘧啶（TMP）130毫克连喂7天。

②菌必治（硫酸庆大霉素加TMP），每千克体重10毫克，每天2次，肌内注射，连续5天。

③按每千克体重青霉素5万国际单位，硫酸链霉素10毫克，混合肌内注射，每天2次，3～5天为一疗程。同时肌内注射复方盐酸强力霉素，每天1次，连注4天。

④肌内注射磺胺-5-甲氧嘧啶每千克体重50毫克，首次加倍剂量，连用3天。

⑤10%氟苯尼考注射液进行肌内注射，剂量按每千克体重0.1毫升，同时静脉注射"强黄搭档注射液"（主要成分为磺胺间二甲氧嘧啶钠和强力霉素），剂量按每千克体重0.1毫升（用5%葡萄糖溶液稀释），每天1次，连用5天。

⑥长效土霉素，每千克体重7～15毫克，肌内注射，每天2次，

连用 4～6 天。

⑦羟氨苄青霉素（阿莫西林）按每千克体重 5～15 毫克，每天 1 次，连用 5 天。

⑧多西环素每千克饲料 20 毫克，拌料，连续 7 天。

⑨对病情较重的病猪另加葡萄糖生理盐水、维生素 C 及强心利尿剂辅助治疗。

⑩中药茵陈汤：取土茵陈、栀子、黄芩、龙胆草、田基黄煮水，供病猪饮服。

115. 猪弓形虫病的临床症状有哪些？怎样防治？

猪弓形虫病的病原是龚地弓形虫，为细胞内寄生虫，它是一种人畜共患的原虫病。猪弓形虫病，对猪的发病率和死亡率都很高（达 50％以上）。猪弓形虫病一年四季均可发生，气候反常时多发，在温暖和潮湿的地区最为普遍。其感染途径见图 3-42。

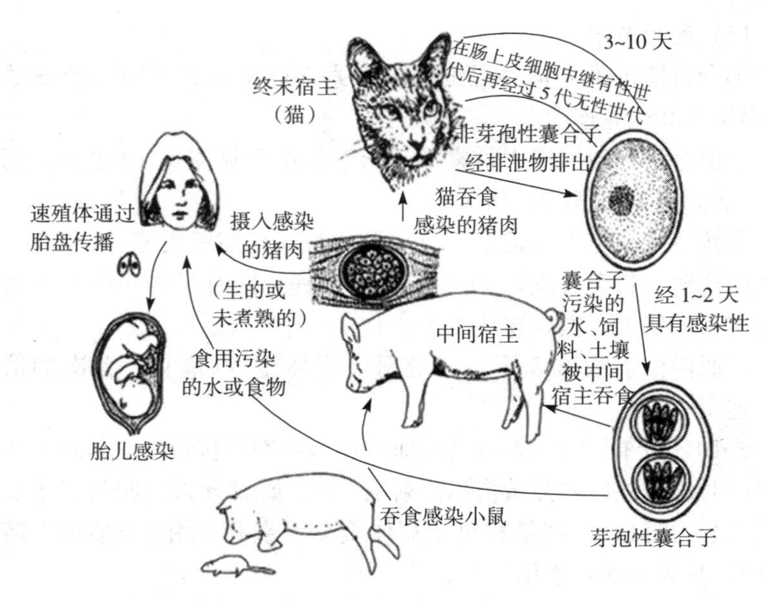

图 3-42　猪感染弓形虫的途径

（1）临床症状　急性发病的猪较为典型，症状与猪瘟很相似，以10～50千克重的仔猪发病尤为严重。病猪在感染5～6天开始出现发热，体温升高至40～42℃，大多数呈稽留热，7～10天。病猪食欲减退或废绝，精神沉郁，喜饮水，呼吸急促，呈腹式呼吸或犬坐式呼吸（图3-43），行走摇摆，后肢无力，眼结膜充血，眼角有脓性分泌物黏附，体表淋巴结，尤其是腹股沟淋巴结明显肿大。小猪多拉稀，粪便呈灰绿色或煤焦油状，无恶臭；大猪多便秘，粪干并带有肠黏膜，尿呈橘黄色。随着病程的发展在耳朵、鼻端、四肢末端、下腹部等部位出现紫红色斑块或在皮下有小出血点（图3-44），有些病猪在耳壳上形成痂皮，耳尖发生干性坏死，最后因呼吸困难、卧地不起、体温急剧下降而死。怀孕母猪可发生流产、死胎，产下的仔猪陆续发生死亡，部分急性病猪可转为慢性，并最终成为僵猪。由于虫体产生毒素，可引起溶血，体温升高。

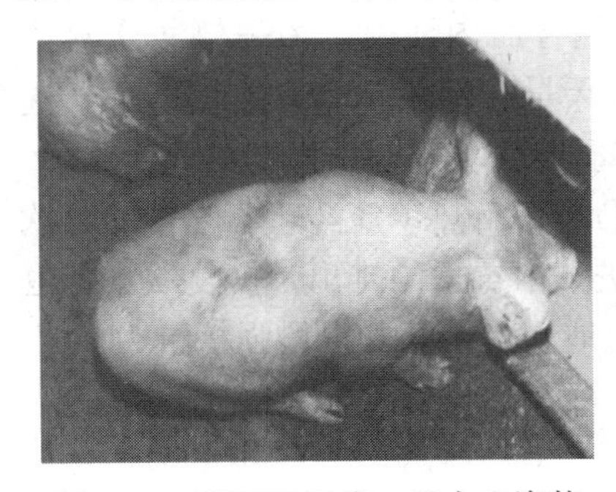

图3-43　猪呼吸困难，呈犬坐姿势

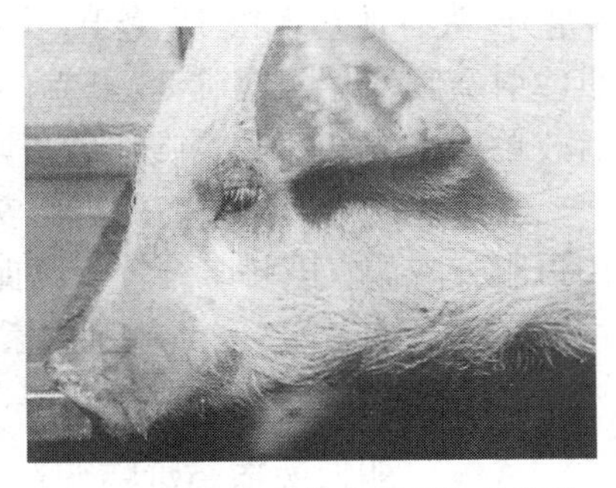

图3-44　病猪耳朵出现紫红色斑块

（2）预防措施

①加强饲养管理，保持猪舍的清洁卫生，做到冬暖夏凉，及时清理猪舍粪便，对病死猪进行深埋等无害化处理。对已被污染的猪舍、场地用3%烧碱进行彻底消毒。

②尽量自繁自养，不从场外购猪。

③根治疥螨，消灭蚊、蝇、虱等。

④做好猪舍的防鼠灭鼠工作，用0.5%溴敌隆母液5毫升加饵料500克制成毒饵，分点放置，根据老鼠的生长繁殖周期，一般每隔4～5天集中统一灭鼠，并加强管理，及时清理中毒死亡老鼠，防止

畜禽误食。

⑤猪场禁止养猫，严防家猫或野猫进入猪舍，严防猫、鼠及其排泄物对畜舍、饲槽、饲料、饮水等的污染。

⑥建立健全消毒制度，每周应对场内、外环境进行一次消毒，发生疫情时，最好隔日消毒一次，且进出车辆要严格冲刷消毒。

⑦预防用药可用磺胺-6-甲嘧啶原粉按 1∶1 000 拌料，连用 7 天，隔月后再喂 7 天以巩固疗效。另外，可用复方敌菌净或复方新诺明，拌料浓度为 0.05%，连喂 7 天。

(3) 治疗方法

①磺胺-6-甲氧嘧啶、磺胺-5-甲氧嘧啶、磺胺嘧啶等与 TMP 组成复方制剂，每天两次口服，连用 3～5 天。严重的可注射制菌磺，每天 1 次，连用 3～5 天。也可用三氮脒、阿散酸等。

②病猪每千克体重用青霉素 4 万单位，安乃近 8 毫升/头、柴胡 8 毫升/头、地塞米松 15 毫升/头，混合肌内注射，另一侧每千克体重注射磺胺-6-甲氧嘧啶 50 毫克，每天早、晚各 1 次，连用 3 天。遂后改单用磺胺-6-甲氧嘧啶注射液，每天 2 次，再用 4 天。

③对症治疗。体温高的可用安乃近等解热镇痛药，不吃食的可饮用口服补液盐、电解多维等，以促进体内毒素的排出，恢复饮食，也可同时注射维生素 C、B 族维生素、地塞米松等，以增强抵抗力。

116. 如何防治猪疥螨病?

猪疥螨病俗称猪癞子或疥癣。是由猪疥螨寄生于猪皮肤内而引起的一种接触感染的慢性皮肤寄生虫病。病猪主要以皮肤剧痒、皮炎和高度接触性传染为特征，引起猪剧烈瘙痒、消瘦、生长缓慢。多发生于阴湿寒冷的秋、冬和早春季节，大小猪只均能感染，一般轻度感染影响生长发育，重度感染甚至可引起死亡。

(1) 预防措施

①搞好环境卫生，保持猪舍和运动场清洁、干燥，通风良好，光照充足。

②加强饲养管理，提高机体抗病力，同群饲养的猪，密度不宜

过大。

③引进或输出猪只时要认真检查，并做好预防处理，以免病原传入或传出。引进的猪要经隔离观察，确认无病时再合群。

④疥螨病的控制首先应从种猪群开始，对所有公、母猪应逐头检查。发现病猪及时隔离和治疗，防止接触传播。在治疗的同时，须对畜舍、用具、运输工具等定期喷洒敌百虫、除虫菊酯、双甲脒、草木灰水、10%～20%生石灰乳或2%～5%克辽林溶液（臭药水）等进行消毒，将治疗后的病猪安置到已消毒过的猪舍内饲养。

（2）治疗方案

①生石灰4份，硫黄6份，水100份。先将少量的水倒入生石灰中，搅拌成稀粥状，然后再倒入硫黄末，混合搅拌，再加水，一面加热，一面继续搅拌，煮沸后再继续加温30～40分钟，直到液体呈棕红色为止。冷却后，取出澄清液备用。使用时将以上澄清液装入喷雾器中喷洒患部。用于小猪时，应将上液稀释1倍后使用。

②用伊维菌素预混剂（含有效成分0.6%），每吨饲料添加330克，连用7天，休药期5天；1%的伊维菌素注射液按每千克体重0.02毫升的剂量一次性皮下注射，停药期28天，泌乳期禁用（指挤奶动物，下同）。用阿苯达唑和伊维菌素的复合制剂效果更好。

③用阿维菌素粉剂（含有效成分1%）一次以每千克体重0.03克（或有效成分每千克体重0.3毫克）1∶3服，间隔10天重复1次，停药期28天，泌乳期禁用；阿维菌素注射液（有效成分含量10毫克/毫升），以每千克体重0.03毫升的剂量颈部皮下注射，停药期28天，泌乳期禁用；阿维菌素透皮溶液（含有效成分0.5%），一次用量为每千克体重0.1毫升，由猪的肩部向后，沿背中线浇泼或涂擦，间隔7天重复给药1次，用药后5天内禁止冲洗动物，停药期42天，泌乳期禁用。

④将敌百虫粉剂溶于温水中，配成1%～2%浓度，涂擦患部皮肤或喷洒猪体表及圈舍墙壁、地面，间隔7～10天再用一次。体质衰弱、妊娠母猪和刚断奶的仔猪禁用。

⑤取烟叶或烟梗1份，水20份混合，浸泡24小时，再放锅中煮1小时，然后捞出烟叶或烟梗。用剩下的烟水溶液洗擦患部，7～10

天后重复1次，但须注意防止滴入眼或鼻中。

⑥取40%的辛硫磷乳油适量，按1∶800～1 000用水稀释，选择阴天或多云天气对病猪全身进行喷雾，以能见湿淋感为度，并对圈墙高1米范围内及地面进行喷雾，以彻底杀灭疥螨及其卵。

⑦16%的蝇毒磷乳剂2毫升，加水500～640毫升，喷洒猪体或洗擦患部。

⑧双甲脒乳油每10毫升对温开水1.25千克，光照充足时喷淋病猪及圈舍；或用适量豆油与双甲脒乳油混合，涂擦于患部。

⑨废机油涂擦患部，每天1次。

117. 怎样防治猪虱病？

猪虱病是寄生于猪体表被毛内的一种体外寄生虫病，在猪的腋下、大腿内侧、耳朵后最为多见。春季气温逐渐升高，是猪虱的繁殖季节。

（1）猪虱的特点 猪虱较大，体长4～5毫米，背腹扁平，灰白色或灰黑色。雌虱在猪毛上产卵，卵孵化为若虫，若虫再发育为成虫。若虫和成虫都以吸食猪的血液为生。1个成虱每天可吸吮血液0.1～0.2毫升。猪虱终生不离开猪体，也不能在其他动物身上寄生，离开猪体后一般在1～10天内死亡。

（2）症状 患猪皮肤发痒，摩擦皮肤，皮肤上出现红的结节，出血或组织坏死等，在猪身上容易发现成虱和虱卵，易于确诊。受寄生的病猪表现不安、瘙痒、食欲减退、营养不良，不能很好睡眠，导致机体消瘦，甚至死亡，尤以仔猪为甚。猪虱还可引起疥癣病和传播猪瘟等病毒。

（3）防治措施 加强饲养管理，猪舍保持清洁卫生干燥，经常消毒，加强检查，防止购进带虱猪。

（4）药物治疗

①用0.5%～1%的兽用精制敌百虫溶液喷射猪体患部，每天1次，连用2次即可杀灭。

②蝇毒磷，0.05%～0.08%水溶液，喷洒猪体。

③25%溴氰菊酯，用水配制成0.03%溶液，喷洒或涂擦患部。

④伊维菌素或阿维菌素，按每千克体重0.3毫克，1次颈部皮下注射。

⑤2%～4%烟叶浸汁，烟叶（或烟梗）30克，水1千克，煎开20分钟，待凉，涂擦患部，每天1次。连续4～5次有效。

⑥食盐1克，温水2毫升，煤油10毫升，按此比例配成混合液涂擦猪体，虱子立即死亡。

⑦生猪油、生姜各100克，混合捣碎成泥状，均匀地涂在生长虱子的部位，1～2天，虱子就会被杀死。

⑧取鲜桃树叶1 000克，加水2 000毫升煎煮，取冷却后的滤液洗猪身上生虱子的地方，连续洗两次，就可以把猪虱全部杀死，使虱卵也遭到破坏。

⑨用兽用精制敌百虫4片，滑石粉100克，樟脑丸2粒，混合后研为细末，用清洁纱布包好，均匀地拍撒在猪身上，特别注意拍撒在猪的腹部、四肢内侧及耳根内侧等部位，每天一次，连续3～5天，即可根除猪虱。

⑩百部250克、苍术200克、雄黄100克、菜油200克，先将百部加水2千克煮沸后去渣，然后加入细末苍术、雄黄、菜油充分搅匀后涂擦猪的患部，每天1～2次，连用2～3天可除尽全部猪虱。

118. 怎样防治猪囊虫病?

猪囊虫病又称猪囊尾蚴病，是由猪有钩虫的幼虫（即猪囊尾蚴）寄生于猪体而引起的一种人畜共患病。猪囊尾蚴虫主要寄生在猪肌肉中，常见于舌肌、咬肌、肩腰部肌、股内侧肌及心肌等。虫体呈白色半透明，黄豆大的囊泡，囊壁为薄膜状，囊内充满透明的液体，囊壁上可见1颗绿豆大的白色头节。猪囊虫成虫寄生在人体的小肠内，呈白带状，长2～4米，虫体内由700～1 000个节片组成。头节很小，仅有粟粒大。节片由前向后逐渐变大，后端节片里含有很多虫卵（3万～5万个）叫孕卵节片，成熟的孕卵节片不断脱落，随粪便排出人体。

（1）预防措施

①改善环境卫生条件和对猪的饲养管理方法，实行猪圈和人厕分开，人便入厕，猪不放养，尽可能切断猪和人粪接触的机会，对人粪便要进行腐熟处理后方可作肥料施用。防止饲料、牧草被污染，尽可能切断猪囊虫病的传染途径。

②认真执行屠宰检疫，严格处理检出的病猪肉。凡猪肉切面在40厘米^2 内有3个以下囊虫，需经冷冻、盐腌等处理销售；有4～5个虫体，需经高温处理后销售；有6～10个虫体，则作工业用或销毁，严禁鲜销囊虫病猪肉。高温要求肉块重量不超过2千克，厚度不超过8厘米，用高压蒸汽法时，以1.5个大气压持续1小时，切面呈灰白色，流出的肉汁无色时即可。冷冻要求深层肌肉的温度降至－12℃以下，持续4天以上，如盐腌则要求不少于20天，食盐量不少于肉重的12%，腌过的肉含盐量必须达到5.5%～7.5%（肥膘和脑不易吸收盐分，不能用此法处理）。

③积极防治人绦虫病。患有钩绦虫的病人，是传播猪囊虫病的唯一来源。应对居民定期进行猪带绦虫病普查，并在卫生防疫部门的指导下做好驱虫工作。

（2）治疗方案

①用南瓜籽仁炒熟，去皮，碾成末，槟榔80～100克煎3次，每次加水500毫升，最后共煎成半茶杯，硫酸镁20～30克，溶水顿服；早空腹时，服南瓜籽仁粉，2小时后服槟榔煎剂，再经30分钟服硫酸镁，驱虫后，应检查虫体头节是否已驱除，以判定疗效，如检查驱虫效果不好，还需要按上述疗法再治疗1次。

②用槟榔30克、大黄60克、皂角30克、苦根皮30克、黑卫30克、雷丸20克、沉香10克、木香15克，共研为末，开水冲调，候温灌服。本法攻逐力较强，对怀孕动物及体弱者慎用。

③将精制的兽用敌百虫碾成粉状，按病猪体重每千克0.1克左右，加注射用水5～10毫升，搅动溶解后装入注射器内，将病猪倒提保定，在与病猪的最后乳房相距2厘米处行腹腔注射。

④将用量为3克的灭绦灵碾碎，混入饲料，早晨空腹1次服下，服后2小时服硫酸镁20～30克作为泻剂。此外，驱出的虫体应深埋，

以防虫卵污染环境，引起人、猪感染。

⑤氯苯咪唑，每千克体重60毫克，混于饲料内，清晨空腹自行采食，每日1次，连服4次。

⑥丙硫苯咪唑，每千克体重60～65毫克，以橄榄油或豆油配成6%悬液，肌内注射，或每千克体重20毫克口服，每48小时再服1次，共服用3次。

⑦吡喹酮，每千克体重50毫克，口服，每天1次，连服3天；或以液体石蜡配成20%悬液，肌内注射。对重症患猪应减少剂量，分次给药，以免引起死亡。

119. 给猪群驱虫的一般原则是什么？

寄生虫病是生猪的一种常见病，生猪一旦感染体内或体表寄生虫，其生长发育会受到严重影响。危害猪群的寄生虫主要是蛔虫、鞭虫、疥螨、蚤、蚊、蝇等，其中以猪蛔虫病的危害最大。因此，要及时对生猪进行驱虫。

(1) 科学选用驱虫药　猪场应选用新型广谱、高效、安全的驱虫药物。驱线虫药有左旋咪唑、敌百虫、盐酸噻咪唑、哌嗪等，驱吸虫药有硝硫酚和硫双二氯酚等，驱囊虫药有吡喹酮，驱弓形虫药有乙氨嘧啶和磺胺类药物等。粉剂用于防治蜱螨等体外寄生虫较恰当。驱虫药不能过量使用或用量不足，且不论选用何种药物，用一段时间后最好更换另一种，以免产生抗药性或耐药性，影响驱虫效果。以下是一些驱虫药物的使用：

①精制敌百虫：市场上常见片剂，每片含量为0.5克。内服量按每千克体重给药0.08～0.1克。如果晚上服药，第2天早上即可排虫。

②盐酸左旋咪唑：本品为广谱驱虫药，对胃肠道的70余种线虫及其幼虫有效。主要用于各种动物的蛔虫病、蛲虫病和肺线虫病等。该药分为片剂、擦剂和针剂3种。片剂内服量为每千克体重8毫克，在饲喂前30～60分钟投药；擦剂按每5千克体重0.1克涂于颈背部皮肤（先将局部洗净、擦干）；针剂每5毫升含0.5克，皮下或肌内

注射，每千克体重5～6毫克。

③丙硫咪唑：在一般剂量时，对成虫的效果优于幼虫。猪内服量每千克体重10～20毫克。

④齐全打虫星：每千克体重1克。

⑤驱虫精：每千克体重20毫克。

（2）选择适宜的驱虫时间 给猪驱虫不单要对症下药，还要讲究投药时间，用药时间是否适当直接影响驱虫效果。投药过早达不到驱虫效果，太迟则影响猪的发育，形成僵猪。应根据虫体的种类、发育情况和季节确定驱虫时间。早期驱虫可以明显提高仔猪的生长速度和饲料报酬，仔猪感染寄生虫的主要来源为母猪以及其接触的环境，在母猪的产前驱虫，可切断母猪和仔猪间的寄生虫传播环节。

在通常情况下，首次给猪驱虫最好选在45～60日龄（猪体重30千克左右）时进行，这样能把几种虫一齐打下。冬季是驱虫的黄金季节，在这个季节驱虫，可收到事半功倍的效果。第一次用药后，每隔60～90天驱虫一次。另外，驱虫宜在晚上进行。

（3）正确的投药方法

①单独饲养的猪，投药前应先停食一顿，到晚上7～8点钟时将药物与少量精料一起拌匀，放入食槽中一次让猪吃完，然后再喂常用饲料；或者将药物溶解在少量的水中经口灌服。若猪不吃，可在饲料中加入少量盐水或糖精，以增强混药料的适口性。

②群养猪，计算好总的用药量，将药研碎均匀地拌入所需的饲料中。多准备一些饲槽，投喂饲料量要多于饲料常量，以猪吃食后略有剩余为好，这样可避免强者多食而发生中毒现象。驱虫期一般为6天。猪要在固定地点圈养，以便清理和消毒场地。

（4）配合措施

①猪驱虫后一个星期内排出的粪便，每天清扫后要集中单独堆放，进行发酵杀灭虫卵，焚烧或深埋，以免排出的虫体、虫卵被猪食后再感染。

②驱虫后隔日用碳酸氢钠（每千克体重1克）内服，再隔日用大黄苏打片健胃。

③圈舍场地及食槽、用具要彻底消毒。猪舍地面、墙壁和饲槽要

用5%的石灰水消毒。

（5）驱虫效果的观察　若出现中毒如呕吐、腹泻等症状应立即将猪赶出栏舍，让其自由活动，缓解中毒症状；严重者让其饮服煮得半熟的绿豆汤；对腹泻者，取木炭或锅底灰50克，拌入饲料中喂服，连服2～3天。

120. 怎样做好猪场环境除虫？

猪寄生虫病是年年防治，但始终不能根除，这与不少猪场只注重猪的驱虫，不注意环境卫生，使猪重复感染有密切关系。因此，必须杀灭外界环境中的寄生虫卵和幼虫。

（1）环境除虫　拥有严格消毒的专门产仔间；仔猪有专用猪舍；怀孕母猪及时驱虫，临产前彻底洗净母猪的全身；注意饮水、饲料的清洁；猪舍地面应有一定坡度，以防积水；勤除粪；定期驱虫。

（2）粪便处理　猪体内寄生虫的虫卵随粪便排出，如果不及时无害化处理这些粪便，虫卵在外界适宜条件下很快就发育成为感染性幼虫，污染外界环境，成为新的污染源重复感染。因此，猪舍内的粪便应及时无害化清除。对于寄生虫严重感染的猪场，除一般的清洁卫生外，还应对舍内地面、墙壁、饲槽使用10%～20%的石灰乳或10%～20%的漂白粉液消毒，以杀灭寄生虫卵减少再次感染。猪的粪便和垫草清除出圈后，要运到距猪舍较远的场所堆积发酵。在发酵过程中，发酵池内的温度可达到60～70℃，既能杀灭寄生虫虫卵又能杀死一般性病原体。

（3）预防病原传入　已控制或基本消灭寄生虫的猪场，当引入新猪时，应先将猪隔离饲养，进行粪便检查，以确定是否有寄生虫；发现体内有寄生虫的猪，须对其进行1～2次驱虫，并再次检查，无寄生虫后方能并群饲养。

（4）药物预防　当从粪便中检查出虫卵时，宿主体内已有大量的成虫寄生，虽然用驱虫药可将成虫驱除，但已经对猪造成危害。在猪群中，仔猪较易感染寄生虫，为防止仔猪感染，应在补料时使用少量驱虫药进行预防。

第四章 中毒病及营养缺乏病的诊治

121. 有机氯中毒该怎么解救？

有机氯农药（包括六六六、滴滴涕、毒杀芬、氯丹等）中毒，为神经中毒，侵害神经系统及实质脏器的毒物。由于有机氯对脂肪及类脂质有特殊亲和力，对富于脂肪的神经组织、肝、肾及心脏等器官发生毒作用。主要表现神经症状，如不安，易惊恐，抽搐；也有少数表现沉郁，昏睡。

（1）预防 这类农药在体内蓄积时间长，并可从母猪奶中排出，引起仔猪中毒，故用有机氯杀灭畜体体表寄生虫时，建议养畜场户要严格控制剂量和浓度，不要反复多次应用。

（2）治疗 ①经体表中毒时，立即用温肥皂水或2%碱水擦洗患处，最后用清水冲洗。②经口中毒时，用1%～3%食盐水或2%碱水洗胃。③内服盐类泻药（芒硝），不要用油类泻药，因油类易溶解有机氯，以防促进其吸收加重病情。④内服小苏打或3%～5%石灰水澄清液300～400毫升。⑤对症疗法。

122. 猪食盐中毒该怎么办？

食盐（氯化钠）是维持动物正常生理活动的必需物质，但是动物若摄食盐量过多，则会引起中毒甚至于死亡。据调查，若给猪日常饲料中添加食盐的含量过高，或是猪在盐饥饿（长期缺乏食盐）状态下喂给了含食盐量高的食物，都可导致引发猪食盐中毒病。

（1）预防措施 本病应以预防为主。要加强对猪的饲养管理，在给猪饲料中添加食盐时一定要掌握适量，通常在猪配合饲料中添加食

盐含量以0.3%～0.5%为宜，且要拌和均匀；若要利用含食盐的残羹或加工酱渣等副产品喂猪时，一定要控制适当的喂量，并要与其他饲料搭配均匀后饲喂；同时要保持给猪供应足量的饮水等，可有效预防本病。

（2）治疗　当发生本病时，治疗上主要以颉颃钠离子，抑制神经兴奋，强心，缓解脑水肿，将毒物排出为原则。具体有以下治疗办法：

①立即停喂含盐饲料，并喂给清洁饮水或葡萄糖水。急性中毒者用0.5%～1%鞣酸溶液洗胃或内服硫酸铜50～100毫升催吐，再内服白糖150～200克或面粉糊、牛奶、植物油等保护胃肠黏膜。

②按体重以10%氯化钙或10%葡萄糖酸钙60～100毫升，50%高渗葡萄糖60～100毫升静脉注射，每天1次。

③25%硫酸镁20～40毫升肌内注射或氯丙嗪每千克体重1～3毫克，每天1次；或维生素$B_1$50毫升，维丁胶性钙1.5～2.5毫克，肌内注射，每天2次。

④20%安钠咖2～10毫克，肌内注射，每天1次；樟脑磺酸钠5～10毫升、维生素C 2～4毫升静脉注射。

⑤溴化钙0.5～2克佐以50%高渗葡萄糖溶液20毫升混合静脉注射，每天1次；甘露醇100毫升+5%葡萄糖100～200毫升，静脉滴注。

⑥对不能采食的病畜，取黄豆500～750克，加水磨浆，过滤去渣，取滤液加水至5千克，分2次灌服。

⑦葛粉、葛根、葛薯、生葛各250～300克，茶叶30～50克，加水1.5～2千克，煮沸30分钟左右，候温灌服，每天2次。

⑧将鲜酢浆草1.5～5千克捣烂，用淘米水浸泡后作多次喂服。

⑨可针刺耳尖、太阳、山根、百会穴，剪耳、尾放血。

123. 猪氢氰酸中毒该怎么解救？

高粱苗、玉米苗、亚麻叶、亚麻饼、木薯、苦杏仁、海南刀豆、狗爪豆等植物含氰苷较多。猪大量采食含氰苷的饲料后，在胃内由于酶的水解和盐酸的作用，产生氢氰酸而引起中毒。当氢氰酸进入猪体后，氰离子与血液中的三价铁相结合，破坏了血液对氧的正常输送，从而使患猪出现张口喘气、肌肉震颤、口吐白沫、痉挛、尖叫等综合症状为特征的组织中毒性缺氧症。氢氰酸中毒经过很急，如不迅速抢救很难奏效。

（1）预防措施

①不用含有氰苷类的植物秧苗喂猪。

②不到有此类秧苗的地里放牧。

③用其他的含氰苷类植物做饲料时一定要限量，并和其他饲料搭配。同时，应进行减毒处理，可将其放入流水中浸渍 24 小时，或漂洗后再加工利用；氰苷在 40～60℃条件下容易分解成氢氰酸，调制饲料时要敞开器皿，并加适当的醋，让氢氰酸在酸性环境下挥发。用亚麻籽饼做饲料时，一定要碾碎，且喂量不宜过多，喂后不要立即大量饮水。

（2）治疗方案

①每千克体重用 1%～2%的美蓝溶液 1 毫升，静脉注射；或按每千克体重用 1%亚硝酸钠 1 毫升，加于 50～100 毫升10%～25%葡萄糖中，静脉注射。再用 5%～10%硫代硫酸钠溶液，按每千克体重 1～2 毫升给药。若在治疗中同时使用强心剂、安钠咖和维生素 C 等，则能促进毒物排出。同时剪耳、断尾放血，以减轻毒血症。

②鸡蛋清 3～4 个，花生油 200 毫升，灌服。

③金银花 10～20 克、绿豆 50～100 克煎汤内服，甘草绿豆汤、生萝卜汁灌肠均有一定效果。

④灌服 1%高锰酸钾溶液，或用 1%的硫酸铜催吐后，按每千克体重 10 毫升内服 10%的硫酸亚铁。洗胃时应直至洗出的水变清为止。

124. 猪霉饲料中毒的症状是什么？该怎样防治？

霉饲料中毒就是动物采食了发霉的饲料而引起的中毒性疾病。霉菌常寄生于含淀粉的饲料、糠麸和粮食上。饲料保管和贮存不善，如雨淋、水泡、潮湿、加工调制不当等均容易使饲料腐败变质，产生有

毒物质。最常见的有黄曲霉毒素、镰刀菌毒素和赤霉菌毒素。当猪大量采食后会很快引起急性中毒。长期少量饲喂会引起慢性中毒。

（1）临床症状 急性中毒时，病猪初期表现为精神不安，食欲减退，结膜潮红，鼻镜干燥；磨牙，流涎，有时发生呕吐；便秘，排便干而少，后肢行走不稳。病情继续发展，猪食欲废绝，吞咽困难，腹痛，拉稀，粪便腥臭，常带有黏液和血液。最后病猪卧地不起，失去知觉，呈昏迷状态，心跳加快，呼吸困难，全身痉挛，腹下皮肤出现紫斑。初期体温常升高到40～41℃，后期体温下降。

慢性中毒时，病猪食欲减退，消化不良，日渐消瘦，妊娠母猪常出现流产及死胎，哺乳母猪乳汁减少或无乳。公猪可有包皮炎，阴茎肿胀等。

（2）预防措施

①饲料应置于干燥、低温、通风良好处贮存，对现有饲料在喂前进行检查，尤其在夏秋多雨季节更应注意。

②禁止用霉败变质饲料直接喂猪。对轻微发霉的饲料，用1.5%氢氧化钠溶液或草木灰水浸泡处理或用清水反复清洗，直到洗液清澈无色为止。饲料脱毒后必须与未被霉菌污染的饲料搭配限量饲喂。发现中毒后要立即停喂霉变饲料，改喂新鲜适口饲料，增喂青绿饲料，加强饲养管理。

③更换垫草，并对圈舍消毒。

（3）治疗措施

①急性中毒，用0.1%高锰酸钾溶液，温生理盐水或2%碳酸氢钠溶液进行灌肠、洗胃。

②硫酸钠30～50克，水1升，一次内服；或静脉注射5%葡萄糖生理盐水300～500毫升，40%乌洛托品20毫升。同时，皮下注射20%安钠咖5～10毫升。

③针刺耳尖、尾尖放血7～10滴，每10～15分钟1次。肌内注射青霉素80万～160万国际单位，链霉素2～4毫升，每4小时1次。

④土霉素按每千克体重0.03～0.05克，肌内注射，每天1～2次。

⑤磺胺脒1～5克，加水内服，每天2次。

⑥用维生素C、板蓝根注射液肌内注射，10%葡萄糖氯化钠溶液静脉滴注；或每100千克体重用人工矿物质盐125克、电解多维25克，溶于水中让猪饮水。

⑦防风60克、甘草60克、绿豆500克，煎水，加少量白糖，一次灌服。

⑧生绿豆粉250克、甘草末30克，蜂蜜250克，1次内服。

125. 怎样防治猪烂甘薯中毒?

烂甘薯一般是由黑斑病引起的。黑斑病甘薯是真菌寄生在甘薯中，引起甘薯块变干硬，病部表面凹陷，有圆形或不规则褐色或褐色斑点，周围界线明显，带药臭，味道苦涩。猪吃了患黑斑病甘薯和苗床中腐败残薯加工后的残渣等，都能引起中毒。该病一般在散养户中容易发生。

(1) 预防措施 尽量不要用烂甘薯喂猪，如果必须利用此类甘薯时，须经过削除病变的腐烂部分，并且经过煮熟以后才可用于喂猪。

(2) 治疗方法

①贯众250克，甘草200克，加水浓煎，分2次服用，连服2～3天。

②生绿豆（去壳研碎）、蜂蜜各250克，混合1次内服。

③生绿豆250克、冷水1 500毫升、菜油500毫升、生鸡蛋清10个，混合后灌服，每天1次，连用2～3天。

④金银花3份，土茯苓、瓜蒌根各2份，葛根4份，共煎水内服。

⑤内服0.1%高锰酸钾水500～1 000毫升，每天2～3次，连服2～3天。

⑥肌内或静脉注射10%～20%硫代硫酸钠30～50毫升及5%抗坏血酸5～10毫升，每天1次，连续注射2天。

⑦硫酸镁150克、麻油250克、四消丸36克捣碎，混合加适量温水灌服，每天1次，连服1～2天。

⑧安溴注射液 50 毫升、葡萄糖注射液 40 毫升、樟脑磺酸钠注射液 5 毫升、维生素 C 注射液 10 毫升，一次混合静脉注射，每天 1 次，连续 2～3 天。

126. 有机磷中毒的症状是什么？该怎样防治？

有机磷制剂杀虫效果好，但具有一定的毒性，对人、畜的毒性很大。按其毒性强弱分为剧毒类如对硫磷（一六〇五）、内吸磷（一〇五九）、甲拌磷（三九一一）；强毒类如敌敌畏、乐果、甲基内吸磷、杀螟松等；弱毒类如敌百虫、马拉硫磷等。当猪接触或吸入或采食某种有机磷制剂时均可导致以侵害神经为主，中枢神经症状和胆碱能神经过度兴奋为特征的中毒性疾病。

（1）临床症状

①毒蕈碱样症状：表现为食欲不振，流涎、呕吐，腹痛，出汗，大小便失禁，瞳孔缩小，可视黏膜苍白，眼球震颤等。

②烟碱样症状：表现为肌纤维性挛缩震颤，先从面部眼睑开始，以后至全身肌肉跳动、痉挛，最后因呼吸肌痉挛，呼吸停止而死亡。

③中枢神经系统症状：急性中毒病猪，表现为兴奋不安，前冲、奔跑、转圈，体温升高，抽搐，后退、喜卧，气喘，心跳每分钟80～125 次，心律不齐，心音弱，甚至陷于昏睡等，呼吸麻痹几分钟后或恢复或死亡。

（2）预防措施

①健全对有机磷制剂的购销、保管和使用制度，对喷洒有机磷的农作物不作饲料用，防止污染饲料、饮水和周围环境。

②不能用喂猪的用具配制药物，或用配制过药物用具盛猪食。

③使用含有机磷的药物为猪驱虫时，应由兽医负责实施，严格掌握浓度、剂量，以防中毒。

（3）治疗措施

①经皮肤中毒，用 5%石灰水或 4%碳酸氢钠或肥皂液或清水洗刷皮肤；经消化道中毒，1%盐水或 2%～3%碳酸氢钠反复洗胃并灌服活性炭；或用 1%硫酸铜溶液 50～100 毫升催吐，并用清水洗胃，

同时忌食盐。在治疗中应注意：敌百虫、硫特普、八甲磷、二嗪农等中毒时，不能用碱性液洗皮肤和胃，可用1%醋酸水洗。

②禁止使用热水和肾上腺素、氯丙嗪、酒精、吗啡、巴比妥等药物及内服牛乳、油类和含油脂的东西。忌用泻药。如果胃肠过度膨胀时，应先处理膨胀。

③轻度中毒者，可皮下注射或肌内注射阿托品1～5毫克，30～60分钟1次，待阿托品化后，每日2～3次，用量减半。中度中毒及重度中毒猪，阿托品用量可加大2～5倍，静脉注射，每隔半小时重复1次，待猪的瞳孔开始散大、口腔干燥、出汗停止后，可隔3～5小时按维持量注射，以巩固疗效。

④解磷定每千克体重20～50毫克，溶于5%葡萄糖或生理盐水100毫升静脉或腹腔、皮下注射；0.5～3克解磷定溶于5%葡萄糖20～50毫升，一次静脉注射，2小时后不见好转，再注射一次。忌与碱性溶液配用。阿托品也可与解磷定联合或交替作用，互补不足，增强疗效。

⑤氯磷定可作肌内或静脉注射，每千克体重20～50毫克。

⑥双复磷每千克体重8～15毫克，用生理盐水溶解后，作皮下、肌内或静脉注射。以后每24小时减半注射1次。

⑦用25%葡萄糖250～500毫升、10%安钠咖5～10毫升、25%维生素C 2～4毫升静注。

⑧心脏衰弱时，用10%安钠咖5～10毫升或10%樟脑磺酸钠2～10毫升肌内注射。

⑨如呼吸困难，用25%尼可刹米1～4毫升肌内注射。

⑩在无解毒药情况下，可试用茶叶60克、绿豆120克，煎水灌服，每天2次，连服2天；绿豆（去壳）250克、甘草50克、滑石50克，共为细末，开水冲调，候温一次灌服；麻油100～200毫升，一次灌服，小猪酌减，严重者重复灌服1次。

127. 如何防治猪亚硝酸盐中毒（饱潲症）？

猪亚硝酸盐中毒常见于猪大量采食贮存或调制不当的青绿饲料

(如白菜、萝卜叶、甜菜叶、莴笋叶、野菜及瓜藤等)，如长时间堆放发生腐烂、煮熟后闷放过久、盖锅焖煮未充分搅拌造成上层半生不熟等，使饲料中的硝酸盐转化为有毒的亚硝酸盐。该病一般发生在猪吃饱后不久，故又俗称“饱瀄病”或“饱食瘟”。猪中毒后突然出现狂躁不安，痉挛倒地，口吐白沫，窒息死亡。

(1) 预防措施

①青绿饲料应洗净后新鲜生喂或发酵后再喂，这样既可保持维生素不被破坏，又不致使猪中毒。

②青绿饲料需要煮熟时，应现煮现喂，用大火急煮，迅速煮熟煮烂，趁温饲喂，严禁用慢火煮得半开半温或加盖闷在锅里过夜；采用青绿饲料喂猪时，最好与玉米、麸皮、米糠、豆饼、豆粕等饲料搭配饲喂。

③青绿饲料存放时，要摊开放在通风良好的地方，且不能堆放过久，防止霉烂变质，以免产生亚硝酸盐。

④严禁青绿饲料收割前施用硝酸盐等化肥，以免提高硝酸盐或亚硝酸盐含量。

⑤加强日常管理，以防采食或饮用其他富含硝酸盐或亚硝酸盐的饲料或饮水。

(2) 治疗方案

①1%硫酸铜催吐后，用0.1%高锰酸钾洗胃后，内服鸡蛋清、牛奶。并且立即耳、尾静脉放血。用5%葡萄糖150毫升、10%维生素C注射液20毫升混合后1次耳静脉注射，每天2次。

②1%～2%美蓝注射液，按每千克体重0.1～0.2毫克，静注或肌内注射；或美蓝酒精液(美蓝2克，溶于酒精10毫升中，再加生理盐水90毫升)，每千克体重1毫升静注。

③亚甲蓝或甲苯胺蓝按每千克体重5毫升，配成1%的糖盐水静注，或硫代硫酸钠3～5克，配成1%糖盐水静注。

④呼吸困难时，用3%双氧水50毫升，10%糖1 000毫升静注；配合肌内注射2%静松灵2毫升或30%安乃近10毫升，以缓解肌痉挛，也可肌内注射10%安钠咖10毫升，以促进呼吸和血液循环。

⑤甘草与水以1∶10的比例煎汤，冷却至常温后，大猪灌服

1 500毫升，中猪灌服1 000毫升，小猪灌服500毫升。

128. 猪一氧化碳中毒该怎样治疗？

猪一氧化碳中毒一般发生在火炕式地面取暖猪舍。这种猪舍一端建燃烧室，在猪舍地面下设烟道，通过秸秆等在燃烧室燃烧产生烟气，烟气通过烟道散发热量进行取暖。秸秆在燃烧中很难完全充分燃烧，会产生一氧化碳，如果烟道密封不严，烟气就会从地面、墙壁，尤其是安装自动饮水器的缝隙中冒出来，造成舍内一氧化碳浓度过高而发生中毒。冬季的晚上，猪舍全部密闭，人员进出较少，通风不良，一氧化碳浓度很高，发病和死亡集中在此时间段。

防治措施

①打开窗户，及时通风，使猪舍内进入新鲜空气。

②立即停止燃烧秸秆取暖。

③及时供氧，由于冬季天气太冷，不能长时间开窗通风，应用瓶装氧气向猪舍内供氧。

④对症状较为严重的猪，用20%甘露醇和肾上腺糖皮质激素输液，降低应激反应，减轻毛细血管通透性，减轻脑水肿，同时使其速尿。

129. 棉籽饼喂猪怎么会中毒？如何治疗？

家畜长期或大量摄入榨油后的棉籽饼，引起以出血性胃炎、全身水肿、血红蛋白尿及支气管变性为特征的中毒性疾病。

棉籽饼虽富有蛋白质，但它含有一种有毒物质——棉酚。棉籽中的棉酚多以脂腺体或树胶状存在于子叶的腺体内，依发育期和环境条件不同，其颜色从淡黄、橙黄、红、紫到黑褐色，称为色素腺体或棉酚色素。棉籽和棉籽饼中含有15种以上的棉酚类色素，其中主要是棉酚，可分为结合棉酚和游离棉酚两类，其他色素均为棉酚的衍生物，如棉紫酚、棉绿酚、棉蓝酚、二氨基棉酚等。在棉酚色素中，游离棉酚、棉紫酚、棉绿酚、棉蓝酚、二氨基棉酚等均对动物体有毒。

棉籽饼中毒除因其含有大量棉酚外，还含有环丙烯类脂肪酸。主要是苹果酸和棉葵酸。大量摄入猪体内也会引起中毒。

防治措施

①限制未经处理的棉籽饼喂猪的用量，母猪的日粮中不得超过5%，生长育肥猪的日粮不超过10%，一般饲喂1个月后停喂1个月，或喂半个月停半个月。妊娠母猪、幼猪及种猪，尽可能少喂，最好不喂。一旦发生中毒，立即停止饲喂棉籽饼，改喂其他饲料，尤其是多喂些青绿多汁饲料。

②合理调配饲料，用棉籽饼饲喂猪时日粮营养要全面，特别要注意保证蛋白质、维生素及矿物质的供给，可采取棉籽饼与豆饼等量配合使用，或棉籽饼与动物蛋白质饲料搭配起来，并多喂些青绿多汁饲料如胡萝卜等。

③治疗猪棉籽饼中毒时，可用5%碳酸氢钠水溶液或0.1%高锰酸钾溶液进行洗胃或灌肠，每次1 000～3 000毫升。胃肠炎不严重时，可内服盐类泻剂，如硫酸钠或硫酸镁25～50克；胃肠炎严重时，可使用消炎剂、收敛剂，如内服磺胺脒5～10克，鞣酸蛋白2～5克，1%硫酸亚铁溶液100～200毫升；为增强心脏功能，补充营养和解毒，可皮下或肌内注射安钠咖5～10毫升，静脉或腹腔注射5%葡萄糖注射液50～500毫升。根据猪体的大小还可放血200～300毫升，然后用25%葡萄糖酸溶液100毫升，生理盐水500毫升，安钠咖5毫升，混合后一次静脉注射。

130. 酒糟喂猪能引起中毒吗？怎样防治？

新鲜酒糟中含有乙醇、甲醇、杂醇油、醛类、酸类等。以酒糟作为饲料喂猪，当长期饲喂，或突然大量饲喂，或用酸败酒糟饲喂，都可能引起中毒。

（1）酒糟主要成分的毒性如下

乙醇：主要危害中枢神经系统，首先使大脑皮层兴奋性增强，进而表现步态蹒跚，共济失调，最后使延髓血管运动中枢和呼吸中枢受抑制，出现呼吸障碍和虚脱，重者因呼吸中枢麻痹而死亡。

甲醇：甲醇在体内的氧化分解和排泄都缓慢，从而产生蓄积毒性作用，主要麻醉神经系统，特别对视神经和视网膜有特殊的选择作用，引起视神经萎缩，重者可导致失明。

杂醇油：主要是戊醇、异丁醇、异戊醇、丙醇等高级醇类的混合物，它们的毒性随碳原子数目的增多而增强。

醛类：主要为甲醛、乙醛、糠醛、丁醛等，毒性比相应的醇强，其中甲醛是细胞质毒，甲醛在体内可被分解为甲醇。

酸类：主要是乙酸，还有丙酸、丁酸、乳酸、酒石酸、苹果酸等，一般不具毒性。长期饲喂时，消化道酸度过大，可促进钙的排泄，导致骨骼营养不良。

（2）预防措施

①酒糟宜应饲喂新鲜的，不要贮存时间过久，如欲贮存时，应要摊开，要遮盖，防止雨水浸入和日光暴晒。

②饲喂时，要对酒糟的品质进行检查，轻度酸败，可加入石灰水、碳酸氢钠中和后再喂，凡已严重霉败的酒糟，应坚决废弃。

③合理饲养，控制酒糟喂量，每日喂量以5～10千克为宜。日粮要平衡，在合理供应精料、酒糟喂量的同时，充分保证干草进食量。为防止酸性产物对钙的吸收，日粮中可增加磷酸三钙、碳酸氢钠等补充饲料。

（3）治疗方案 其原则是解除脱水、解毒、镇静。

①碳酸氢钠：100～150克，加水1次灌服。也可用1%碳酸氢钠溶液灌肠。

②补充体液，解除脱水：可用5%葡萄糖生理盐水1 500～3 000毫升、25%葡萄糖溶液500毫升、5%碳酸氢钠液800～1 000毫升，1次静脉注射。20%葡萄糖酸钙500～800毫升，1次静脉注射。

③山梨醇或甘露醇溶液：300～500毫升，1次静脉注射。

④必要时，还应配合使用抗生素、强心、维生素治疗。

131. 猪砷中毒怎么防治？

砷制剂中毒是指有机和无机砷化合物进入机体后释放砷离子，通

过对局部组织的刺激及抑制酶系统，可与多种酶蛋白的硫基结合使酶失去活性，影响细胞的氧化和呼吸及正常代谢，从而引起消化系统紊乱及实质性脏器和神经系统损害为特征的中毒性疾病。

防治措施

①急性砷中毒时，首先用0.1%高锰酸钾或2%氧化镁溶液洗胃，然后内服解毒液。先分别将硫酸亚铁10克加水250毫升，氧化镁15克加水250毫升配成溶液，然后将两种溶液合在一起，充分混合振荡呈粥状（现用现配），每头30～60毫升灌服，每隔4小时1次。内服的硫酸亚铁与氧化镁合剂生成氢氧化镁能与可溶性的砷化物结合生成不溶性沉淀，使砷化物不再被吸收以达到解毒目的。同时用硫酸镁、硫酸钠等盐类泻剂，以促进消化道毒物的排出，清理胃肠。

②应用二巯基丙醇，首次剂量为每千克体重0.05克，以后减半，每隔4小时1次，第3天每隔6小时1次，第4天1～2次，直到中毒症状解除。

③25%硫代硫酸钠注射液10～20毫升，隔3～4小时注射1次，同时皮下注射盐酸肾上腺素和维生素B_2。

④为保护肝、肾机能，可静脉或腹腔注射高渗葡萄糖加入维生素C，并可酌情使用强心利尿药物。

⑤镇静止痛止痉，当病畜腹痛不安时，注射安乃近或口服水合氯醛；对肌肉强直痉挛、震颤的病畜可使用10%葡萄糖酸钙溶液静脉注射。出现麻痹时注射维生素B_1。

⑥也可灌服牛奶、鸡蛋清、豆浆和木炭末对其吸附和收敛。

132. 铜作为猪的促生长剂，怎么会出现中毒呢？

用高浓度铜饲料喂猪，具有抑制细菌和明显的促生长作用，能保证猪体健康、加快猪的生长速度、提高饲料报酬。但高剂量的铜（多为硫酸铜）进入猪体，则会引起中毒，尤其是仔猪，轻者拉稀、生长缓慢；重者发生贫血，最后衰竭死亡。在生产实践中，生长肥育猪每千克日粮含铜量200毫克左右，可使猪保持良好的生长速度及较高的报酬。但如果滥用，日粮中铜的含量长期超过250毫克/千克，可造成铜中毒，大于500毫克/千克可致死。

机理：急性铜中毒是由于猪短期内摄入过量铜盐（多为可溶性硫酸铜），由于大量铜盐具有凝固蛋白和腐蚀作用，从而导致胃肠黏膜出现凝固性坏死。严重者表现为出血性坏死性胃肠炎。慢性铜中毒是由于猪长期摄取少量铜而引起，是铜中毒常见的形式，但是中毒症状是急性的，是由于肝中的铜突然释入血流所致。铜中毒时，大量铜在肝中蓄积，许多重要酶的活性受到抑制，导致肝功能障碍，甚至肝坏死，使谷苷转氨酶、乳酸脱氢酶、血浆精氨酸酶及血浆胆红素含量升高。当肝铜蓄积到一定程度后，便释放大量铜进入血液，血铜浓度迅速提高并进入红细胞和排入尿液。红细胞中铜浓度不断升高，可降低红细胞中谷胱甘肽的浓度，使红细胞的脆性增加而发生血管内溶血。溶血时，肾脏铜浓度增高，肾小管被血红蛋白阻塞，从而引起肾单位坏死、肾功能衰竭、血红蛋白尿，甚至尿毒症。同时，由于溶血时释放出来的某些因子和缺氧，血浆肌酸酐磷酸酶浓度升高，骨骼肌受到损害。此外，血液中尿素和氨浓度增加，ATP酶受到抑制，导致中枢神经系统受损。铜中毒的猪常死于严重的溶血或尿毒症。

猪铜中毒原因

①高铜饲料添加剂混合不均。

②含铜饲料添加剂用量过大。主要是养殖户对添加剂过于崇拜和迷信，认为添加越多越好而造成的。

③2种或2种以上的饲料添加剂同时混合作用，使饲料中铜含量增加。

④在饲喂浓缩饲料的同时，再额外添加铜元素添加剂。因为浓缩饲料中本身已经配合有猪生理需要的足量微量元素，若再添加，势必造成日粮中铜含量增加而达到中毒剂量。

⑤基础日粮与添加剂的配合没有经过准确称量和计算，而是凭空估计，造成添加过量。

133. 猪缺锌会出现什么症状？怎样治疗和预防？

锌缺乏是由于饲料中锌含量绝对或相对不足所引起的一种营养缺

乏症。猪发生本病时，皮肤角化，腹部、大腿及背部等皮肤出现红斑，然后转为丘疹，最后出现结痂、裂缝，形成薄片和鳞屑状，裂隙处有黏稠分泌物外；被毛蓬乱，易脱落，无光泽。蹄部有不同程度的损害，表现为蹄部无光泽，蹄壳有裂痕，局部呈紫色斑状，个别的蹄部有裂口，严重者卧地不起，或站立困难、跛行。仔猪蹄部病变较轻，偶见仔猪蹭墙，掉毛，病猪有时伴有轻度腹泻、异嗜、生长发育不良。生产母猪多表现为屡配不孕，怀孕母猪有流产、产死胎或畸形胎现象。患病公猪表现为不配种，性欲降低。猪群体温、呼吸、脉搏均正常。解剖严重病例，肉眼无明显变化，腹泻猪仅见肠黏膜表现卡他性炎症症状。

防治措施

①每天1次肌内注射碳酸锌每千克体重2～4毫克，连续使用10天，一个疗程即可见效。

②内服硫酸锌0.2～0.5克/头，对皮肤角化不全和因锌缺乏引起的皮肤损伤，数天后即可见效，经过数周治疗，损伤可完全恢复。

③饲料中加入0.02%的硫酸锌、碳酸锌、氧化锌对本病兼有治疗和预防作用。但一定注意其含量不得超过0.1%，否则会引起锌中毒。

④预防按饲养标准的补锌量每吨饲料内加硫酸锌或碳酸锌180克，也可饲喂葡萄糖酸锌，具有预防效果。

134. 猪缺碘会出现什么症状？怎样治疗和预防？

碘缺乏症是动物机体摄入碘不足所引起的一种以甲状腺机能减退、甲状腺肿大、流产和死产为特征的慢性疾病，又称甲状腺肿。

碘缺乏时，甲状腺激素合成受阻，致甲状腺组织增生，腺体明显肿大，生长发育缓慢、脱毛、消瘦、贫血、繁殖力低下。母猪碘缺乏时所生仔猪全身少毛、无毛，预产期推迟，体质极弱，生后1～3天内死亡，同时颈部皮肤黏液水肿，发亮。脱毛现象在四肢最明显，常于生后几小时内死亡。存活仔猪嗜睡，生长发育不良，由于关节、韧带软弱导致四肢无力，走路时躯体摇摆。

防治措施

①防治本病的根本措施是补碘，该病关键还在于预防。用含碘的盐砖让猪自由舔食，或在饲料中添入海藻、海草类物质，或将碘化钾或碘酸钾与硬脂酸混合后掺入饲料或盐砖内。浓度达到0.01%能预防本病。仔猪预防本病可在母猪乳头上涂以碘酊，让哺乳仔猪哺乳舔食。

②如发生本病，可将1%碘化钾溶液1毫升加入饮水中，让妊娠母猪、仔猪自饮。或在饲料中添加碘化钾，每1 000千克饲料添加碘化钾200毫克。

135. 猪缺铁时有什么症状？怎样防治？

饲料中缺乏铁，或因某种原因造成铁摄入不足或铁从体内丢失过多，引起猪贫血、易疲劳、活力下降的现象，称为铁缺乏症。主要发生于仔猪，单纯依靠哺乳或代乳品，其中铁含量不足时而发生。

（1）临床症状 幼畜缺铁的共同症状是贫血。临床表现为生长慢、昏睡、可视黏膜变白、呼吸频率加快、抗病力弱，严重时死亡率高。常表现为低染性小红细胞性贫血，并伴有成红细胞性骨髓增生。血红蛋白降低，肝、脾、肾几乎没有血铁黄蛋白，血清铁、血清铁蛋白浓度低于正常，血清铁结合力增加，铁饱和度降低。血清甘油三酯、脂质浓度升高，血清和组织中脂蛋白酶活性下降，肌红蛋白浓度下降、含铁酶活性下降等。

仔猪铁缺乏：仔猪贫血多发于生后3～6周龄，3周龄为发病高峰，特别是饲养在水泥地面、封闭式圈舍内的仔猪。仔猪无法接触含铁量丰富的泥土和新鲜蔬菜，而发生贫血。同时，采食量突然下降，拉稀，粪色无异常。生长缓慢，严重时呼吸困难，昏睡。运动时心搏加剧，可视黏膜淡染，甚至苍白。大肠杆菌感染率高，极易诱发仔猪白痢。

（2）防治措施 改善仔猪饲养管理，让仔猪接触垫草、泥土或灰尘。口服或肌内注射铁制剂，生后2～4天补充一次，10～14天再补充一次，用1～2毫升葡萄糖铁，含100～200毫克铁，或葡萄糖酸

铁、山梨醇铁、柠檬酸复合物等，剂量为0.5～1克铁，每周1次，或掺入含糖饮水中，也能有效防止仔猪缺铁性贫血。

硫酸亚铁2.5克、氯化钴2.5克、硫酸铜1克，常水加至500～1 000毫升，混合后用纱布过滤，涂在母猪乳头上，或混于饮水中或代乳品中，让仔猪自饮自食，对入群猪场是有效的。每天给予1.8%的硫酸亚铁4毫升，连续口服7天，可充分防止贫血。国产右旋糖苷铁于生后3天，用200毫克作深部肌内注射，不仅可防止贫血，还可促进生长。

136. 猪缺乏维生素A会出现什么症状？怎样防治？

维生素A是猪维持生命、生长及繁殖的基础之一，猪体一旦缺乏，就会不同程度地影响猪的生长发育和繁殖。长期喂含维生素A极少的饲料（如棉籽饼、亚麻籽饼、甜菜渣、萝卜等），会导致母猪抵抗力明显下降，初生仔猪由于母乳中缺乏维生素，患上维生素A缺乏症。猪舍日光不足、通风不良，猪只缺乏运动，常可促发本病。

（1）临床症状　患病猪典型的症状是皮肤粗糙，呼吸器官和消化道黏膜不同程度的炎症，病猪出现咳嗽、下痢、生长发育缓慢等症状。重症病猪面部麻痹，头颈向一侧歪斜，步样蹒跚，共济失调，不久即倒地并发出尖叫声。有的病猪目光凝滞、瞬膜外露，继之发生抽搐，角弓反张，四肢间歇性作游泳状动物；有的表现皮脂溢出，周身表皮分泌褐色渗出物；有的出现夜盲症，视神经萎缩；有的猪还表现行走僵直、脊柱前凸、痉挛和极度不安。成年猪后躯麻痹，步态不稳，后期不能站立，针刺反应减退或丧失，神经机能紊乱，听觉迟钝，视力减弱，干眼、甚至角膜软化，严重者穿孔。妊娠猪发病时常出现流产和死胎，或产出仔猪瞎眼、畸形、全身性水肿、体质衰弱，很容易发病和死亡。公猪则表现睾丸退化缩小，精液品质差。

（2）预防措施　加强饲养管理，给予全价平衡饲料，保证饲料中含有充足的维生素A和胡萝卜素，补充青绿饲料，供给优质牧草，也可在饲料中添加复合维生素及多维钙片。做好饲料的收割、加工、调制和保管工作，如谷物饲料贮藏时间不宜过长，配合饲料要及时饲喂等。

（3）治疗方案

①精制鱼肝油 5～10 毫升，分点皮下注射。

②维生素 A 注射液 2.5～5 个单位，肌内注射，每天 1 次，连用 5～10 天。

③维生素 A、维生素 D 注射液，母猪 2～5 毫升，仔猪0.5～1 毫升，肌内注射。

④普通鱼肝油，母猪 10～20 毫升，一次内服，仔猪 2～3 毫升滴入口腔内，每天 1 次，连用数天；浓鱼肝油，每千克体重 0.4～1 毫升，内服。

⑤苍术 250 克研为细末，拌于饲料中饲喂，每天 1 次，连用 10 天。

137. 猪饲料中长期缺乏维生素 B_1 能引起什么症状？怎样治疗？

维生素 B_1 缺乏症是由于体内硫胺素缺乏或不足所引起的一种以神经机能障碍为主要特征的营养代谢病。

（1）临床症状 饲料中长期缺乏维生素 B_1，会引起猪出现如下症状：病猪初期表现精神不振，食欲不佳，生长缓慢或停滞，被毛粗乱、瘫痪，行走摇晃，共济失调，后肢跛行；眼睑、颌下、胸腹下、后肢内侧水肿，虚弱无力；心动过缓，心肌肥大；后期皮肤黏膜发绀，体温下降，心搏亢进，呼吸促迫，最终衰弱而死。发病缓慢，病程长达 7～10 天。临床上仔猪较成猪多发。

（2）预防措施 为预防发病，应保持日粮组成的全价性，供给富含维生素 B_1 的饲料。在大型饲养场，在用干料饲喂时，目前普遍采取补充维生素添加剂（复合维生素 B 添加剂）的方法。

（3）治疗方案 畜禽发病时，重点是查清病因，改善饲养管理，提供富含维生素 B_1 的全价饲料，添加优质青草、发芽谷物、麸皮、米糠或饲用酵母等。幼龄动物给予足量的全奶或酸奶，或饲料中补加硫胺素，剂量按每千克饲料添加 5～10 毫克计算（注意由于维生素

B_1缺乏会引起极度厌食，有时试图在饲料中添加效果不佳）。

资料一般多应用维生素 B_1制剂，剂量按每千克体重 0.25～0.5 毫克计算，口服、肌内注射或静脉注射，症状在资料后数小时即可出现好转。如能配合其他 B 族维生素如 B_2、B_5或维生素 pp 等可增强疗效。

138. 猪饲料中长期缺乏维生素 B_2能引起什么症状？怎样治疗？

维生素 B_2缺乏症亦称核黄素缺乏症，是由于体内核黄素缺乏或不足所引起的一种以生长缓慢、皮炎、四肢麻痹，胃肠及眼的损害为主要特征的营养代谢病。

（1）临床症状 猪维生素 B_2缺乏时，表现厌食，呕吐，消瘦，生长缓慢，皮肤溃疡、增厚、有鳞屑，脱毛，步态强拘，脚弯曲或肢体强直。妊娠母猪发生维生素 B_2缺乏症时，仔猪出生后呈现先天性前肢皮下水肿，前肢尺骨和桡骨粗大，球节屈曲切开皮肤，可见严重的皮下水肿。有的猪表现角膜炎、白内障、生殖功能降低，出现早产与死胎。

病畜初期一般呈现精神不振、食欲减退、生长发育缓慢、体重低下。皮肤增厚、脱屑、发炎，被毛粗糙，脱毛乃至秃毛。眼流泪、结膜炎、角膜炎，口唇发炎。继则出现神经症状，共济失调、痉挛、麻痹，瘫痪以及消化不良、呕吐、腹泻、脱水、心脏衰弱，最后限于死亡。

病猪生长缓慢，皮肤粗糙呈鳞状脱屑或脂溢性皮炎，鬃毛脱落；眼睑肿胀、结膜充血，角膜、晶体混浊，乃至失明；步态强拘乃至肢体轻瘫；妊娠母猪流产、早产或不孕，所产仔猪孱弱，皮肤秃毛、皮炎、结膜炎等。

（2）预防措施 为预防本病，应注意保持日粮组成的全价性，供给富含维生素 B_2 的全价料。畜禽发病时，重点是查明并清除病因，改善饲养管理，调整日粮组成，增加富含核黄素的饲料，如全乳、脱脂乳、肉粉、鱼粉、苜蓿、三叶草及酵母等。

(3) 治疗方案 临床主要应用维生素 B_2 制剂进行治疗，应注意如果发生的病害是不可逆的，则不可能治愈。维生素 B_2 注射液，每千克体重 0.1～0.2 毫克，皮下或肌内注射，疗程为1～7 天，核黄素内服或混入饲料中饲喂 50～70 毫克、仔猪 5～6 毫克，连用 8～15 天，亦可给予饲用酵母，仔猪 10～20 克，育成猪 30～60 克，口服，每日 2 次，连用 7～15 天。复合维生素 B 制剂 2～6 毫升，每天 1 次。

139. 仔猪白肌病是缺乏什么引起的？怎样防治？

仔猪白肌病，多在 3～4 月份发病。病猪以 20 日龄到 6 月龄多见，成年猪少有。病因尚未明确，有说与维生素 E 缺乏有关，有说与微量元素硒不足有关，不过总的认为是营养不全，饲料单一而致病。

(1) 临床症状 发病初期表现精神不振，猪体迅速衰退，往往出现起立困难的症状，病势再发展，则四肢麻痹。呼吸不匀，频数，心跳加快，体温无异常变化。病程为 3～8 天，最后倒毙。也有的病例不出现任何病状，即迅速死亡。

(2) 剖解病变 死猪尸体剖检时，可见骨骼肌上有连片的或局灶性大小不同的坏死，肌肉松弛，颜色呈现灰红色，如煮熟的鸡肉。此种灰红色的熟肉样变化，时常是对称性的，常发现在四肢、背部、臀部等肌肉，此类病变也见于膈肌。心内膜上有淡灰色或淡白色斑点，心肌明显坏死，心脏容量增大、心肌松软，有时右心室肌肉萎缩。心外膜和心内膜有斑点状出血。肝脏瘀血充血，边缘钝圆，呈淡褐色、淡灰黄色或黏土色。常见有脂肪变性，横断面肝小叶平滑，外周苍白，中央褐红。常发现针头大的点状坏死灶和实质弥漫性出血。

(3) 预防措施 加强母猪的饲养管理。母猪孕期要根据不同妊娠阶段的特点，采取相应的饲养方式，保证母猪从日粮中获得充足的营养物质，满足胎儿生长发育需要，但不要使母猪过于肥胖，在管理上要注意适当运动，增强母猪体质，从而生产出质量比较高的仔猪。在给泌乳母猪调配日粮时，要注意适宜的能量和蛋白质水平，粗蛋白质水平不低于 13%，产后投料要由少到多，逐步增加，有条件的可以

在夜间补饲一次青饲料。

（4）治疗方案

①在饲料中混合亚硒酸钠，母猪10毫克，仔猪2毫克，经过15天重复给药一次，进行预防。

②采用0.1%亚硒酸钠溶液皮下注射，剂量按每头2～3毫升一次注射。

③配合用维生素E 500～800毫克，肌内或皮下注射，连用2～3天，以后剂量减半，再使用4～6天，可获得良好效果。

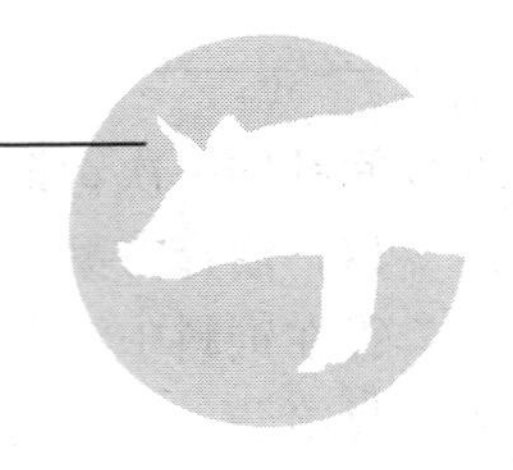

第五章　其　他

140. 猪胃溃疡的病因及防治措施是什么?

胃溃疡是由多种原因引起的胃黏膜局部组织糜烂和坏死或自体消化而形成圆形溃疡面的一种普通疾病。严重会导致胃穿孔，因多伴发急性弥漫性腹膜炎而迅速死亡，或因出血轻微而呈现慢性消化不良，往往无明显临床症状。无论在世界何处只要采用同栏圈养和以谷物为原料的饲养，就会有胃溃疡发生。这种疾病在经济上有重要意义，尽管人们已经了解了一些危害因素及治疗方法，但这种病仍显得日益重要。其发病的主要原因有：

(1) 饲料因素

①饲料粗硬不易消化。

②饲料中缺乏足够的纤维。

③饲料粉碎得太细。

④长期饲喂高能量特别是玉米含量过高的饲料。

⑤谷类日粮中不适当混合大量有刺激性的矿物质合剂。

⑥饲料中缺乏维生素 E、维生素 B_1、硒等。

⑦饲料中不饱和脂肪酸过多。

⑧饲料霉变。

(2) 环境应激和饲养管理因素

①噪声、恐惧、闷热、疼痛、妊娠、分娩、过多打扰猪（如经常转群、称重）。

②猪舍狭窄、活动范围长期受限制。

③猪舍通风不良、环境卫生不佳。

④饲喂不定时，时饱时饥，突然变换饲料。

(3) 疾病因素

①常继发于慢性猪丹毒、蛔虫感染、铜中毒、霉菌感染（特别是白色念珠菌感染）。

②常见于维生素 E 缺乏、肝营养不良的猪。

③体质衰弱，胃酸过多。

(4) 预防措施 针对发病原因采取相应措施：

①避免饲料粉碎得太细，饲料颗粒度宜在 500 微米以上。

②减少日粮中玉米数量和饲喂粉料而不是颗粒饲料。

③饲料中加入草粉或燕麦壳等使日粮中粗纤维量达到 7%。

④保证饲料中维生素 E、维生素 B_1、硒的含量。

⑤用铜作促生长剂时，饲料中同时加 110×10^{-6}碳酸锌作抗铜致溃疡添加剂。

⑥0.1%～0.2%聚丙烯酸钠混饲，以改变饲料的物理状态，使之能在胃内停留时间正常。

⑦避免心理应激状态，减少频繁的转群、运输、驱赶、防止猪只相互撕咬。

⑧保持猪舍冬暖夏凉，加强通风、饲养密度适宜，猪舍要留有足够的空间便于猪的自由活动。

(5) 治疗 治疗原则是消除发病因素、中和胃酸、保护胃黏膜。症状较轻的病猪，应保持安静，减轻应激反应。

①可注射镇静药，盐酸氯丙嗪，每次每千克体重 1～3 毫克。

②中和胃酸，防止胃黏膜受侵害，让猪饮用 0.5%～1.0%碳酸氢钠溶液，或内服 2.5%氧化镁或氢氧化铝凝胶，亦可内服牛奶、蛋清或豆浆等。

③保护溃疡面，防止出血，促进愈合，可于饲喂前投服次硝酸铋 5～10 克，每天 3 次。

④输液治疗：对有吐血或呕吐带血的病例，用 5%葡萄糖注射液 250～500 毫升，加入止血敏 0.5～1.0 克，维生素 B_1 0.25～0.30 克，静脉输液，扩充血容量，尽快予以止血。

⑤如果病猪极度贫血，证实为胃穿孔或弥漫性腹膜炎，则失去治疗价值，宜及早淘汰。

141. 怎么处理猪的疝气?

疝气又称“赫尔尼亚”，是畜体腹部的内脏器官通过腹壁天然孔或人工的孔道脱至皮下或其他腔孔的一种常见病，根据发生部位，分为脐疝、腹股沟阴囊疝和腹壁疝，脐疝和腹股沟阴囊多疝多见于猪。外伤性腹壁疝多见于牛和马。

(1) 脐疝 本病多见于仔猪，一般是先天性的，因仔猪发育不全，脐孔闭锁不全或完全没有闭锁，加上剧烈运动，使腹腔内压增高而引起腹腔内脏器官（多为小肠及网膜）进入皮下，形成脐疝。

①症状：脐部出现局限性的半球形肿胀，大小不定，手触柔软，无痛，听诊有肠音，疝气内容物易用整复还纳入腹腔。但是，整复后又容易再次脱落，时间过长可发生粘连，当肠管嵌闭在脐孔中发生嵌闭性脐疝时，出现腹痛症状，常发生呕吐，多为复性脐疝。

②治疗：仔猪可复性脐疝脱出的肠管还纳腹腔时，局部用绷带压迫，脐孔可闭锁而愈。如果脐孔较大或发生肠嵌闭时，须进行手术疗法，对可食性疝气先切开疝囊，但不切开腹膜，将腹膜与疝内容物送入腹腔之后，对疝孔进行袋口缝合或纽扣状缝合或皮肤结节缝合，当疝内容物与疝囊粘连时，应小心切开症囊，仔细剥离粘连，防止损伤肠管，送回内容物后缝合疝孔和皮肤，切开疝囊后如见肠管坏死，应截除坏死肠段后行肠管吻合术。

③护理：术后不宜喂食过早。

(2) 腹股沟阴囊疝 公猪若腹股沟管过大，常在出生时发生或出生后剧烈运动和外界暴力，如踢打、捕捉等引起腹压增高，使腹腔的肠管（连同肠系膜）经过腹股沟，即发生腹沟阴囊疝。有阴囊疝的公猪不能留作种用。

①症状：猪患腹股沟阴囊疝时，患侧阴囊肿胀增大，无热，无痛，触诊硬度不一，可摸到疝的内容物（小肠），也可摸到睾丸，开始一般可自动还纳，听诊局部有肠音，如将患猪两后肢举起，能使肿胀的阴囊变小，少数猪嵌闭，则阴囊壁与多数肠管粘连。如果阴囊皮肤水肿，发凉，并出现剧烈疼痛症状，若不及时施行手术治疗，即可

引起死亡。

②治疗：可在局部麻醉下进行手术，切开皮肤分离浅层与深层的筋膜，而后小心将总鞘膜钝性剥离出来，猪的嵌闭症疝多有肠粘连。剥离时动作要轻，用浸温灭菌生理盐水的纱布轻轻加以分裂。从鞘膜囊的顶端沿纵轴捻转，此时疝内容物逐渐回入腹腔。还纳全部内容物后，在总鞘膜和精索上打 1 个结，然后切断，将断端结节缝合至股沟环，再结节缝合皮肤和筋膜。

③护理：术后不宜喂食过早、过饱，适当限制活动。

142. 怎样防治猪中暑?

(1) 病因 猪在夏季炎热的天气，头部受到太阳直射，引起脑膜和脑实质的病变，致使中枢神经系统机能严重障碍，通常称为日射病。在炎热季节，潮湿闷热的环境中，猪新陈代谢旺盛，产热多，散热少，体内积热，引起中枢神经功能紊乱，通常称为热射病。体温散热受影响，引起肌肉痉挛性收缩，这种热射病又称热痉挛。常见在炎热盛夏，肥猪赶路、车船运输及过于拥挤时发生；或猪体虚弱，大量出汗，失水、失盐过多，引起神经失调而发生；另外体质弱，心脏机能、呼吸机能失调，皮肤出汗过多，饮水不足，缺喂食盐，猪耐热能力低，都容易导致该病的发生和发展。

(2) 临床症状 有些病猪犹如电击一般，突然晕倒，甚至在数分钟内死亡。一般都是突然发病，心跳加快，呼吸迫促，体温升高，口流白沫，全身出汗，步行不稳，流涎呕吐；结膜充血或发绀，瞳孔初散大后缩小。重者倒地不起，四肢做游泳状划动。如不及时治疗，可在数小时内死亡。剖检见鼻内流出血样泡沫，肺水肿，脑部高度充血或水肿。

(3) 预防措施 进入炎热季节，要防止潮湿闷热和拥挤，注意补盐，给足水分，栏内猪群密度不宜过大，畜舍保持通风良好。常用冷水喷洒猪体，中午让猪在阴凉处休息。大群猪在炎热季节转群、赶路或车船运输，注意通风，做好防暑急救的准备工作，可选择早晚进行，途中定时给猪喷淋凉水。

（4）治疗方案

①先将病猪移至阴凉通风处，用凉水喷洒猪体，给予清凉淡盐水饮服或用之反复灌肠；耳尖、尾尖剪毛消毒后，剪开放血100～300毫升。

②静脉注射5%葡萄糖盐水200～500毫升，维生素C 10～20毫升；肌内注射安乃近10～20毫升。狂暴不安者，肌内注射2.5%氯丙嗪2～4毫升；心衰昏迷者，肌内注射10%安钠咖5～10毫升或10%樟脑磺酸钠10毫升。

③取樟脑10克，加75%乙醇至100毫升，溶解后过滤，制成10%樟脑醇。病猪取主穴天门、配穴耳根。天门穴注入樟脑醇4～6毫升，耳根穴注入2～3毫升；每隔8小时1次，连用2～3次。

④桑叶、荷叶、茅根、芦根各50克，煎汤分2次灌服。

143. 什么是新生仔猪溶血病?

新生仔猪溶血病是由新生仔猪吃初乳而引起红细胞溶解的一种急性溶血性疾病。仔猪以贫血、黄疸和血红蛋白尿为特征，致死率可达100%。本病是由母猪血和初乳中存在的抗仔猪红细胞抗原的特异血型抗体所致的新生仔猪急性血管内溶血，属Ⅱ型超敏反应性免疫病。

（1）发病原因　仔猪继承的父畜红细胞抗原，在妊娠期间进入母体的血液循环中，导致母猪产生抗仔猪红细胞的特异性同种血型抗体。这种抗体分子不能通过胎盘，但可分泌于初乳中，仔猪吸吮了含有高浓度抗体的初乳，抗体经胃肠吸收后与红细胞表面特异性抗原结合，激活补体，引起急性血管内溶血。

（2）临床症状　最急性病例是新生仔猪吸吮初乳数小时后因贫血死亡。急性病例是吃初乳后24～48小时出现症状，精神委顿，畏寒震颤，后躯摇晃，尖叫，皮肤苍白，结膜黄染，尿色透明呈棕红色，血液稀薄不易凝固。血红蛋白降至3.6～5.5克，红细胞数降至3万～150万，大小不均，呼吸、心跳加快，多数于2～3天内死亡。亚临床病例不表现病状，查血可发现溶血。病仔猪全身苍白或黄染，皮下组织、肠系膜、肠管黄染，肾包膜下有出血点，膀胱内积聚棕红色尿液。

(3) 诊断要点 新生仔猪出生时正常，吸吮初乳后发病。本病临诊特征有三种：

①最急性型，吸吮初乳后12小时内突然发病，停止吃奶，精神委顿，畏寒，震颤，急性贫血，很快陷入休克状态而死亡。

②急性型，吸吮初乳后24小时内显现黄疸，眼结膜、口膜和皮肤黄染，48小时有明显的全身症状，多数在生后5天内死亡。

③亚临床型，吸吮初乳后临床症状不明显，表现贫血，血液稀薄不易凝固。尿检呈隐血强阳性，有血红蛋白尿，血检能发现溶血。

(4) 防治方法 立即停止全窝仔猪吸该母猪的奶，由其他母猪代哺乳或人工哺乳，可使病情减轻，逐渐痊愈。重病仔猪，可选用地塞米松、氢化可的松等皮质类固醇配合葡萄糖溶液，以抑制免疫反应和抗休克。

为防继发感染，可选用抗生素；增强造血功能，选用维生素B_{12}、铁制剂等治疗。

发生过溶血病的母猪已产仔猪的，于产后和仔猪吃奶前进行母猪初乳抗仔猪红细胞凝集试验，阳性者禁止仔猪吃其初乳，由其他母猪代哺或人工哺乳，按时挤掉母猪奶，3天后再让仔猪吸吮母乳。配种发生仔猪溶血病的公猪，不能再作种用。

144. 小猪关节、肌肉出现脓疱是什么原因？怎样治疗？

引起小猪长脓疱的原因有链球菌、结核杆菌、化脓杆菌、坏死梭菌、副猪嗜血杆菌等细菌的感染，一般要结合其他症状和检验，才能具体确定是哪一种或多种细菌的感染。在治疗上，如果只有脓疱而无其他明显症状，则可等脓疱成熟后进行外科处理，即开创引流，用消毒药和抗生素清洗后，在脓疱周边或肌内注射抗生素即可。

145. 新进仔猪如何进行防疫管理？

(1) 新进仔猪前的准备

①圈舍先用清水浸泡、彻底清扫，特别要注意那些卫生死角，然后用消毒药进行2～3次的消毒，注意每次消毒要有一定时间间隔，

至少要等地面干了之后再进行下一次。各种用具、门窗及周边环境也应进行清理打扫和消毒。

②相应的药物及其他准备：猪进场时的驱虫药、抗应激类药物要准备好，同时要根据猪只的用途进行相应疫苗的准备。

（2）仔猪入场后的管理

①猪只进场后先不忙喂料，而是喂给一些含抗应激类药物的饮水，并且规范猪只大小便的排放地。

②2～3 天内进行驱虫处理，驱虫后 7 天左右根据猪只的用途进行相关疫苗的免疫注射。

146. 仔猪跳跳病是怎么回事?

“仔猪跳跳病”又叫“仔猪抖抖病”，是仔猪传染性先天性震颤的俗称。表现为仔猪刚出生不久，出现全身或局部肌肉阵发性挛缩。本病仅见于新生仔猪，成年猪多为隐性感染。本病是由母猪经胎盘传播给仔猪的，未发现仔猪间相互传播的现象。公猪可能通过交配传给母猪。母猪若产过 1 窝发病仔猪，则以后产的几窝仔猪都不发病。在同一感染猪群中，产仔季节早期出生的仔猪症状最重，随着季节的推移，后来出生的仔猪的震颤症状就较轻微。不同品种及其杂交猪对本病的易感性没有明显差别。

（1）临床症状 母猪在发病仔猪出生前后无明显的临床症状。仔猪的症状轻重不等，若全窝仔猪发病，则症状往往严重，若一窝中只有部分仔猪发病，则症状较轻。震颤呈双侧性，主要侵犯骨骼肌，一般表现在头部、四肢和尾部。轻的仅见于耳、尾，重的可见全身颤抖，表现为剧烈的、有节奏的阵发性痉挛。由于震颤严重，患病仔猪行动困难，无法吃奶，常饥饿而死。病仔猪如能存活 1 周，则一般可不死，通常于 3 周内震颤逐渐减轻以致消失。缓解期或睡眠时震颤减轻或消失，但因噪声、寒冷等外界刺激，可引发或加重症状。症状轻微的病猪可在数日内恢复，症状严重者耐过后，仍有可能长期遗留轻微的震颤，而且生长发育也受到影响。本病的另一种表现是后肢肌肉呈强直性痉挛，后肢分开，似犬坐姿势，尾部轻微震颤，病猪可在 3 周内康复。

（2）病因分析

①猪瘟病毒会侵害胎猪的脑神经系统。

②圆环病毒感染引发的震颤。

③由隐性遗传病引发的震颤。

④由二氯酚中毒引发的震颤。

⑤由低血糖症引发的震颤。

⑥由缺氧症引发的震颤。

（3）防治措施

①母猪妊娠中后期尽量少用猪瘟活疫苗防疫。

②对于圆环病毒感染引发的震颤，在哺乳期注意保护仔猪不要受到外伤，颤抖严重的病例可投服镇静药物。

③由隐性遗传病引发的震颤，一般发生窝数少，但死亡率较高，这种情况下只能淘汰公猪，筛选不含隐性基因的母猪，这样才能保证不出现类似的病例。

④由二氯酚中毒引发的震颤，找出毒源并及时排除。

⑤由低血糖症引发的震颤是比较常见的，仔猪出生后应尽早让仔猪吸吮母乳，不但可以防止低血糖的发生，而且可以促进母猪的乳腺乳泡的发育，促进子宫收缩，减少难产。

⑥由缺氧症引发的震颤在高龄难产、过肥或过瘦的母猪产的幼仔中多见；必须加强母猪的饲养管理，淘汰大龄母猪，作好后备母猪的选育，保证妊娠猪的饲养，同时降低热应激，北方冬季取暖时要防止一氧化碳中毒。

147. 怎样防治仔猪断奶应激？

（1）引起断奶应激的原因 集约化生产的养猪场一般在仔猪 3～4 周龄断奶。此时断奶仔猪处于强烈生长发育时期，但消化机能和抗病能力又不够强，日粮剧烈的变化，加上环境的变化，对仔猪产生强烈的应激。仔猪常表现为食欲差、消化功能紊乱、腹泻、生长迟滞等，这就是所谓的“仔猪断奶综合征”。部分仔猪因此变成僵猪，故要采用有效方法来减少应激。

（2）减少应激的措施

①保持环境条件相对稳定：断奶时采用“留仔不留母”，将母猪赶走，而把小猪留在原栏，使它在熟悉的环境下生活。饲养人员和饲料等因素都应保持相对稳定。待断奶小猪群的精神、食欲、粪便都正常之后，再逐渐改变饲料、饲养制度和进行混调栏等工作。

②做好防寒保暖工作：仔猪对低温的适应能力差，如果在温度低的季节断奶，会加剧仔猪的寒冷应激，这个时候就要特别做好防寒保温措施。15～30 日龄的仔猪适宜温度为 22～25℃，断奶时可适当提高环境温度至 25～30℃，同时可在仔猪睡觉的地面铺上垫草或麻包等材料。同时要防止贼风，保持室内干燥。若环境温度低于仔猪的最适温度，容易导致仔猪发生腹泻、发烧、支气管炎和肺炎等，并且容易诱发其他传染病。

③尽早进行教槽诱食补料：从 5 日龄开始，选择香甜、清脆、适口性好的饲料，放少量在补料槽内，或放在仔猪经常游玩的地方，任其自由采食。添料时应把上次吃不完的料清理掉，保证料槽清洁。

④仔猪在断奶后的一周内，很容易发生腹泻。要勤换垫草，经常打扫，定期对猪舍进行消毒。但同时注意保持猪舍的干燥。

⑤训练仔猪的定点排便：仔猪如果在猪舍到处排便，就会造成猪舍环境的潮湿、污染，并易传播疾病，不利于仔猪的生长。在清扫猪舍时留下一些粪便在定点的地方，或将该地方用水洒湿，仔猪慢慢就会养成定点排便的习惯。

⑥天气骤然变化：特别是舍外湿度、气流加大时，舍内空气湿度、气流亦加大，如果是低温高湿的天气，会对仔猪产生不良的刺激。

总之，仔猪断奶后要特别注意猪舍的密封，加强保温，要保证采食到足够的饲料。如果是从其他场购进的断奶仔猪，应激的情况更为严重，必须更加细心地做好护理工作。

148. 母猪屡配不孕是什么原因？怎样解决？

（1）母猪屡配不孕的原因

①生殖道疾病：卵巢疾病、排卵异常、配种不适时、生殖道炎症

或生殖机能衰退所致。生殖道炎症是影响母猪受胎率的主要因素之一。在养猪生产中，通常有明显临床症状才引起注意，隐性子宫炎则常被忽略，不做任何处理便盲目配种，显然易导致受胎率下降，甚至屡配不孕。

②母猪过肥，由于母猪食欲旺盛，体重增加快再加上不限量饲喂，致使母猪过肥。卵子及其他生殖器官被许多脂肪包围，母猪排卵减少或不排卵，出现母猪屡配不孕或不发情。

③传染病，如细小病毒病、非典型猪瘟、乙型脑炎、布鲁氏菌病、猪繁殖与呼吸障碍综合征、链球菌病；寄生虫病如弓形虫病、钩端螺旋体病；代谢病，如蛋白质缺乏、维生素缺乏、硒缺乏等，均可引起屡配不孕、流产或产死胎。

④曲霉毒素中毒，是造成母猪屡配不孕的一个重要原因。玉米发霉变质产生的曲霉毒素包括黄曲霉毒素、烟曲霉毒素、镰刀菌毒素和赤霉菌毒素，都能导致母猪不孕。

⑤配种公猪的原因，精子数量少或质量差，导致母猪不孕。

（2）预防措施

①科学饲养，不能用饲养育肥猪的方法培育后备母猪，要按母猪饲养标准来培育后备母猪和饲养初产、经产母猪。

②瘦弱母猪配种前采用“短期优饲”饲喂方式，配种后 12 天内要控制精料饲喂量；避免高温、争斗和运输应激，多喂青料，保持圈舍干燥卫生。对营养过剩、体况过肥的母猪，应在配种前限量饲喂。

③加强种公猪的饲养管理，生产中首先应做到满足其营养需要，同时适当添加一些必需氨基酸，保证铜、铁、锌等微量元素及维生素的有效含量。其次，饲料要多样化，达到营养互补。饲喂要定时定量，保证种公猪的繁殖体况，防止过肥或过瘦。在管理方面，还要加强运动。

④做好相关传染病的免疫预防工作，加强细小病毒病、猪瘟、乙型脑炎、布鲁氏菌病、猪繁殖与呼吸障碍综合征等病的预防和控制。

⑤对曲霉毒素造成的屡配不孕，其要点在于饲料的防霉、去毒和解毒。对已发生中毒的猪只，目前还没有切实有效的治疗方法。一般采用即刻更换饲料，及早服用硫酸镁，促使肠道内毒素排出，同时喂

给青绿饲料和维生素A、B族维生素、维生素D等，以缓解中毒现象。

（3）治疗

①对发情周期正常而屡配不孕的猪采取以下措施：发情配种前2～4小时将青霉素1.5克用生理盐水20毫升溶解，注入生殖道内净化子宫。母猪发情后24～36小时，每头肌内注射LRH-A3（促性腺素释放激素类似物）10～20微克，注射后1～2小时采取两步间隔配种输精，两次间隔4～8小时。对用药物净宫和LRH-A3处理仍然不孕以及生殖机能衰退，失去种用价值母猪应及时淘汰。

②采用抗生素治疗卵巢囊肿不孕：母猪发情不规律或不发情，或者持续发情但屡配不孕，阴唇肿胀、增大，阴门中常排出黏液等，可用促黄体激素，每头肌内注射50～100单位，或者每头肌内注射绒毛膜促性腺激素500～1 000单位。

③对于发情的经产母猪，在适时输精前1～2小时内，用输精胶管将红霉素90万～180万单位，直接注入子宫内，然后才给母猪输精，每次输精用药1次。

④对于卵巢机能障碍而体格健壮、发情正常、阴道分泌物正常、整体健康的母猪，可以采取药用四物汤加减法：当归10克、熟地10克、赤芍10克、阳起石8克、补骨脂8克、枸杞子5克、香附15克，水煎3次，每天1剂，混合加饲料喂服，服药时间为下次发情配种前的2～5天，连续服用3剂即可治愈。

149. 母猪产后瘫痪是什么原因？怎样防治？

母猪产后瘫痪是母猪产后体质衰弱，产仔后四肢不能站立，知觉减退而发生瘫痪的一种疾病，又称产后风。是母猪的常见多发病。

本病的死亡率极低，但却使母猪失去饲养价值，影响仔猪生长发育，甚至造成仔猪死亡，经济损失很大，应引起高度重视。

（1）临床症状

①瘫痪前食欲减退或拒食，行动迟钝，粪便干硬，喜饮清水，有异食现象。

②瘫痪后，出现弓背、便秘、呆滞、站立不能持久，交换踏步，后躯摇摆无力，知觉丧失，严重时卧地不起，触摸尖叫，泌乳量下降，拒绝哺乳。

（2）发病原因 日粮中钙、磷不足或比例失调；长期饲喂玉米、谷类及豆类等精料，无机磷得不到补充；生产强度过大等。产仔母猪一般在哺乳20天左右，体内钙、磷损失达最高点，以母猪产后15～35天及产前数天产生瘫痪最多。

（3）预防措施

①平时要在猪日粮中添加含钙高的饲料原料：如贝壳粉、蛋壳粉和碳酸钙。

②在母猪妊娠后期和泌乳期应补饲骨粉、鱼粉和杂骨汤，冬春雨季要饲喂青绿饲料；母猪产仔后，猪舍要多加垫草；防止冷风吹袭，保持猪舍温暖、宽敞，有充足的阳光照射；母猪在妊娠期应多晒太阳，每天要让母猪在阳光下运动2～3小时，饲喂易消化，富含蛋白质、矿物质和维生素的饲料，钙磷比例要适当。

③猪舍要保持清洁干燥。

④对有产后瘫痪史的母猪，在产前20天静脉注射10%葡萄糖酸钙100毫升，每周1次，以预防本病的发生。

（4）治疗

①饲料中加入骨粉，每天每猪30～50克。

②维丁胶钙注射液5～10毫升肌内注射，隔3天后再注射1次。

③每天在饲料中添加3～6克过磷酸钙或骨粉，连喂10～15天。

④地塞米松注射液5～10毫升，一次肌内注射，每天1次。

⑤10%葡萄糖酸钙注射液100～150毫升，一次静脉注射，每天1次。

⑥中药疗法：龙骨300克，当归、熟地各50克，红花15克，麦芽400克，共煎汤两次合一，每天分早晚两次灌服，连用3剂。

150. 怎样防治母猪便秘？

（1）发病原因

①母猪怀孕期缺乏运动，母猪自配上种后即限制母猪运动，导致

母猪消化吸收机能减弱，造成母猪肠管机能降低，肠内容物干燥，从而引发便秘。

②母猪怀孕后期，由于胎儿的增大，从而加大了对直肠壁的压迫，直肠蠕动减少，粪便在直肠内停留时间过长，水分被过度吸收，造成母猪便秘。

③有些母猪发生便秘是由于饮水不足。

④母猪临产前生理、心理应激，导致胃肠道蠕动加强，大肠中水分被吸收到血液中过多，引起母猪便秘，这种情况多见于那些初产母猪。

⑤母猪日粮的变换，特别是由怀孕前期的低蛋白日粮转喂到怀孕后期的高蛋白日粮时，相对改变了大肠吸收和分泌液体的能力，使大肠变得满实而极易便秘。

⑥母猪怀孕期过度限饲，缺乏青绿饲料补充，造成大肠中水分被吸收过多，发生便秘现象。

⑦母猪料中添加预防药物过勤，导致母猪出现粪便过硬，发生便秘。

⑧母猪患有一些发热性疾病也会引起便秘，如猪瘟、弓形虫病及蓝耳病等均会造成母猪便秘。

（2）预防措施

①改善猪群饲养管理，应给母猪供应丰富而充足的饮水，饲料应搭配均匀。

②有条件的养猪户给母猪一天提供2.5～3千克的优质青绿饲料，对预防母猪便秘效果最好。

③猪场在预防疾病时要做到科学用药预防。

④选用一些无药物添加剂预混料产品来饲喂母猪。

⑤母猪饲料中适当添加小苏打及维生素C，对于缓解母猪便秘具有一定的作用。

（3）治疗

①料中添加2%～3%的糖蜜，对母猪可起到润肺、济肠、通便的效果，且有提高母猪采食量的效果。

②对于产前、产后出现便秘症状的母猪，可采用一些如“泌乳

进”这样的产品，在产前、产后 15 天添加，对于缓解母猪的产前、产后便秘也有较好的作用。

③在母猪便秘情况下，可在 1 000 千克母猪饲料中添加 3 千克的硫酸镁，对于缓解母猪便秘也有一定的作用。

④对便秘引起不食精料的母猪，饲喂青绿饲料，注射广谱抗生素及注射促进消化的一些药物如维生素 B_1 注射液、复合维生素 B 注射液等。

151. 母猪产后无乳是什么原因？怎样防治？

母猪产后无乳，又称泌乳失败、产褥热、毒血症性无乳症和乳房炎-子宫炎-无乳综合征，是产后母猪的常见多发病之一。

（1）临床症状 通常于产后 12～48 小时发生。母猪常见症状是：少乳或无乳，厌食，精神沉郁、无力、昏睡，体温升高达 39.5～41℃，便秘、排恶露，对仔猪感情淡漠，乳房及乳头缩小干瘪、乳腺肿胀、松弛等。

（2）病因

①饲养管理不当、应激、传染因素和激素失调等因素。

②饲料突然改变，饲料单一，产后缺乏精料、青绿饲料，后备母猪早配、体质瘦弱等。

③猪舍低矮，阳光不足，通风不良，空气污浊，夏热冬冷，妊娠期母猪受到驱赶、惊吓、噪声等影响。

④传染因素，常见于大肠杆菌、溶血性链球菌、葡萄球菌感染以及胎衣碎片滞留，子宫继发细菌感染等。

⑤运动不足、难产、分娩时间延长、自身中毒、过肥，也会发病。

（3）预防措施

①加强饲养管理，怀孕期喂给优质全价配合饲料，添加适量青绿多汁饲料，避免后备母猪早配、妊娠母猪养得过肥，产前精料不要喂得过多，防止便秘。

②减少应激，加强母猪运动，保持分娩舍安静和室温相对稳定，

驱赶母猪时动作要温和。

③做好分娩舍的环境卫生，将母猪经严格清洗消毒后转入分娩舍。

④产前、产后注射抗生素类药物及产后肌内注射催产素 3～4 毫升，促进子宫收缩、排出胎衣碎片和炎症分泌物。

⑤母猪分娩前 2 周使用伊维菌素或阿维菌素进行 1 次驱虫，预防蠕虫感染引起的母猪泌乳下降。

(4) 治疗 对患病猪加强饲养管理，消除发病诱因，减少应激反应，同时用抗生素类和激素类药物治疗。

①成年或青年母猪通常应用催产素疗法，肌内注射或皮下注射催产素30 万～40 万单位。

②用温肥皂水毛巾按摩病猪乳腺，并用手每隔几小时挤奶 10～15 分钟，降低乳房肿胀和炎症，促进放乳。

③对于传染性乳腺炎引起的无乳症；可选用广谱抗生素治疗。

④氯丙嗪结合催产素和抗生素进行治疗。

⑤加强仔猪的护理工作，由于母猪产后无乳会导致新生仔猪出现营养不良，可以选择寄养的方式来饲喂仔猪或饲喂按商品配方或家用混合配方配制的代乳品，直至患病母猪恢复泌乳为止。

152. 怎样防治母猪乳房炎?

(1) 病因 大肠杆菌、葡萄球菌和链球菌等来自母猪自身的正常菌群或环境中的细菌，污染乳头，导致乳房发生炎症。

(2) 临床症状 首先出现的症状是母猪体温升高，达 40～41.5℃，精神不振，饮食量下降，虚弱无力，乳房红肿发热、疼痛，胸部伏地，拒绝哺乳，不能站立，对仔猪漠不关心；严重时乳房坚硬，用手指压迫病灶区皮肤，红色消失，发炎乳区的分泌物外观似脓状或奶油状，并含有纤维素块和血凝块，有腥臭气味。

(3) 防治措施 对缺乳、无乳的母猪查明病因，对症治疗，防重于治。具体方法如下：

①对肠道菌引起的乳房炎，用抗生素治疗，每头母猪一次性肌内

注射青霉素 80 万～160 万国际单位，或用磺胺类注射液 10 毫升，乳房病灶区外敷鱼石脂软膏 10 克，连续用药 3 天。

②由内毒素引起母猪泌乳量下降，可用激素催奶，静脉重复注射催产素 50～60 单位或肌内注射催产素 10～200 单位，每天 2～3 次，连续注射 3 天。

③用中草药治疗：大活血 100 克、橘子核 50 克、葡萄根 30 克、蒲公英 30 克或水相柳 200 克、漏芦 30 克、威灵仙 25 克，用清水煎 15 分钟，滤过药渣，把药水拌少量饲料喂母猪。

153. 母猪子宫内膜炎的发生原因有哪些？如何防治？

（1）病因

①后备、初产母猪子宫内膜炎：后备母猪发情时子宫颈和阴道口开张、初产母猪分娩过程和产后初期易发生外源性感染；还可能发生亚临床细小病毒、猪瘟病毒、伪狂犬病病毒或链球菌等造成的内源性感染。

②经产母猪子宫内膜炎：母猪在分娩、难产、产褥期的抵抗力下降，分娩时环境不卫生、助产时造成产道损伤或未达到无菌操作、胎衣不下、产后恶露等，从而促发母猪子宫内膜炎。

③人工授精器具消毒不彻底、授精未遵守无菌操作规范，引发母猪子宫内膜炎。

（2）临床症状

①急性子宫内膜炎：母猪食欲下降，体温升高，频频排尿，弓背，努责，从阴门中排出灰白色含有絮状物的分泌物和脓性分泌物，躺卧时排出较多。

②慢性子宫内膜炎：无全身症状的母猪体温有时略有升高，食欲及泌乳量下降，发情周期不正常，有时发情虽正常但屡配不孕，冲洗子宫时回流液略浑浊，似淘米水或清鼻液样。母猪有轻度的全身反应，逐渐消瘦，发情周期不正常，从阴门流出灰色或黄褐色稀薄脓液，尾根、阴门、腓节上常沾有阴道排出物并形成干痂。

（3）预防措施

①根据当地疫情，做好母猪繁殖障碍性疫病的免疫接种，如细小

病毒病、乙型脑炎、猪瘟、伪狂犬病等。

②清洁消毒，母猪进产房当天应冲洗消毒，产前母猪乳房、阴部及助产器具等严格消毒，保持产栏清洁卫生。配种前母猪阴部及人工授精器具等要严格消毒。

③母猪保健，妊娠母猪要补充一定量的青绿饲料，或在饲粮中适当添加多种维生素。母猪产后进行补液，以尽早恢复体力和食欲。

④预防性用药：流产、产死胎、木乃伊胎、经助产和产后胎衣不下的母猪，用0.9%生理盐水100毫升、稀释林可霉素和新霉素各2克及缩宫素40单位直接注入子宫内。

（4）治疗

①全身治疗，对有全身症状如体温升高、食欲下降的母猪进行全身治疗，可肌内注射头孢拉定1克加地塞米松10毫升、链霉素100万单位、安乃近20毫升，分点注射，全身症状好转时再冲洗子宫、给药。

②冲洗子宫：对有慢性子宫内膜炎的症状的母猪，用0.5%的来苏儿或0.1%的高锰酸钾冲洗2～3次，清除滞留在子宫内的炎性物。

③宫内投药：先冲洗子宫后投药，用0.9%生理盐水90毫升，加碳酸氢钠10毫升、稀释林可霉素和新霉素各2克投入子宫，连续给药3天，隔天再冲洗1次。

154. 母猪产后拒绝仔猪哺乳的原因有哪些？如何防治？

（1）原因

①初产母猪无哺乳习惯，在分娩过程中，由于精神紧张而对仔猪吮乳产生恐惧感，以致拒哺。

②母猪怀孕后期饲养管理不当，母猪过肥或过瘦，或者母猪年纪过大或偏小，母猪分泌乳汁能力差，或乳汁不足、无乳，而仔猪缠着母猪来回啃奶头，使母猪心烦不安，以致拒哺。

③母猪产仔后食欲减退或废绝，发生生殖道感染，或产后瘫痪等导致母猪乳汁减少，母猪也会对仔猪吮乳产生厌恶感，不愿让仔猪吮乳。

(2) 防治措施

①对在新环境里不适应的母猪，要提前几天将其赶到分娩舍，使它逐渐适应环境，情绪稳定，就不会发生拒哺了。

②肥胖的母猪在保证供水的条件下，适度减少饲料喂量。过瘦的母猪要补充营养以催乳：煮熟的豆浆连喂2～3天；生姜、陈艾、陈皮各100克，鲜芦竹根笋和兹竹叶各200克、麦芽150克煎水喂服；鲜泥鳅250克加地骨皮30克、食盐少许，煮熟连汤饲喂2～3次。

③分娩前后对产仔栏、猪身及用具彻底消毒等。也可在母猪产后8小时内肌内注射抗生素或磺胺类药物，防止母猪产后感染。对产后患病的母猪要及时治疗，尽快使其痊愈。

155. 如何防治母猪产后发热不食症?

母猪产后发烧不食症在养猪生产中是一种比较多见的常发性疾病。其症状是：母猪产前或产后体温增高，精神沉郁、喜卧懒动，食欲减少或不食，粪便干燥、呈现球状，尿少而黄。分娩后母猪体温升高者，泌乳减少或停止，小仔猪往往整窝性死亡，造成较大的经济损失。可采取如下防治措施：

(1) 预防措施 加强母猪的饲养管理：夏季气候炎热，母猪过肥，容易发生母猪产后发烧不食症，必须加强饲养管理，才能减少该病的发生。

①母猪舍内应经常保持环境卫生，安装降温设备（淋浴、排风机），通风流畅。

②禁止饲喂发霉饲料。

③怀孕母猪饲料配制方面，要注意玉米和麸皮搭配，应减少玉米的比例，增加麸皮和豆粕的比例，在饲喂中按1%比例添加生石膏，从每年的6月初到8月底为止。然后再回到正常的配制比例。

④分娩母猪在产前产后3天，要进行减食，只饲喂正常量的一半，分娩当天不喂食，保证饮水供应。

⑤提供怀孕母猪足够的清洁饮水。

(2) 治疗措施 母猪发烧不食对胎儿影响极大，甚至可造成母猪死亡，必须及时采取有效措施，技术人员经常观察母猪吃食与体温状况，及时发现发烧及时治疗，可采取如下方法：

①母猪高烧时，要及时进行灌肠与补液措施，5 000 毫升温水（25～30℃），加入 10 克洗衣粉，溶解后，直接用导管灌入直肠内。

②补液：补液盐半包（氯化钠 17.5 克，氯化钾 7.5 克，碳酸氢钠 12.5 克，葡萄糖 100 克）加入 10 克安乃近粉，温水（25～30℃）5 000 毫升，溶解后灌入直肠。

③20%土霉素 20 毫升，30%安乃近 10 毫升 1 支的用 3～4 支，母猪颈部肌内注射。

④母猪体温降至正常不食者可按下方治疗：25%～50%葡萄糖注射液 100 毫升，安钠咖注射液 20 毫升，维生素 B_1 注射液 100 微克（MG）20 毫升，混合后静脉缓慢注射，一般 1～2 次即可。

如果注射困难或不便也可用新鲜的健康猪胆 2～3 个，把胆汁挤入清洁的器皿中，加入食醋 200～250 毫升，混合后用胃管一次灌服。一般 1～2 次即可。

156. 种猪发生蹄裂怎么办？

（1）改善日粮组成

①优化营养，为了保证饲料中矿物质及微量元素、维生素的供给量，必须喂给全价营养平衡的饲料。

②矿物质，要保证钙、磷足够的供给量和恰当的比例，并保证锌、铜、硒、锰等微量元素的供给量。如能添加真正螯合的有机微量元素，效果更佳。

③维生素，满足维生素 D 的需求量，促进钙磷的吸收，保证骨骼的健康发育；添加生物素可提高蹄壳硬度、压缩性和抗压强度，改善皮毛状况，并减少蹄壳碎裂和蹄垫损害症状。

④亚油酸，自然干燥玉米中亚油酸含量丰富，且未受到破坏。膨化大豆和豆油中均含有大量的烟油酸，对生物素的吸收有一定作用，因此在配制易发生裂蹄的种猪饲料时，建议采用自然干燥的玉米（而不是烘干或久贮的玉米），添加豆油或一定比例的膨化大豆，以提高

种猪对生物素的利用率。

（2）改善圈舍结构质地和管理

①改善圈舍地面结构，水泥地面要保持适宜的光滑度和倾斜度（且必须小于 3°），地面无尖锐物，无积水。

②改良圈舍地面质地，水泥地面有许多缺点，集约化养猪场地最好采用环氧树脂漏缝地板；新建水泥地面的猪栏必须用醋酸溶液多次冲洗，晾干后再进种猪，以免由于碱性腐蚀猪蹄而造成裂蹄。

③改善管理，搞好猪栏内外环境卫生，保持栏内干净不湿滑。有条件的猪场种猪保证有一定时间的户外活动，接受阳光照射，有利于维生素 D 的合成。

（3）治疗

①防治继发感染，在运动场进出处设置脚浴池，平时每隔 1 个月将猪通过盛有 5%～10%福尔马林溶液的脚浴池 1～2 次，对发病猪进行预防和治疗继发感染。已发生或刚发生裂蹄的猪经消毒后，可用氧化锌软膏或鱼石脂加青霉素调匀或蜂胶软膏涂抹患处。

②因裂蹄、蹄底磨损等导致肢蹄发炎肿胀或继发全身感染时，可先清除病蹄中的化脓组织或异物，然后进行局部消毒，用青霉素按猪每千克体重 5 万单位，链霉素 50 毫克，混合用氯化钠注射液 20 毫升溶解后，肌内注射，每天 2 次，连续注射 3 天。也可用磺胺甲噻或磺胺-6-甲氧嘧啶，猪每千克体重首次量 0.1 克，维持量 70 毫克，肌内注射，每天 1 次，连注 3 日。病猪应每日数次强迫起立活动，促进蹄壳的代谢与更新。

157. 母猪为什么断奶后久不发情?

（1）病因　母猪断奶后久不发情，其原因大概有以下三个方面：

①子宫炎或某些传染病造成：母猪在患有子宫内膜炎、附红细胞体病、支原体病、细小病毒病等，都可造成母猪断奶后久不发情。

②营养不良或霉饲料中毒：饲料中长期缺乏营养或营养不平衡，或饲喂发霉变质饲料，使猪的脑垂体激素分泌受到抑制，而表现久不发情。

③饲养管理方面问题：母猪长时间饲养在同一环境中（如定位栏中），造成久不发情。

（2）防治方案

①疾病引起的应首先去除病因，科学地进行引发疾病的防控。

②营养不良或霉饲料引起的应加强营养，不喂发霉变质饲料，同时在饲料中加喂维生素 A、维生素 E 或胡萝卜素。

（3）管理措施

①后备母猪：采用调栏法提高母猪配种率。具体程序是：在后备母猪达到配种月龄后，将母猪赶入定位栏中饲养，30 天后仍未发情的母猪重新赶入大圈或运动场中饲养（3 头以上）2～3 天，任其打斗（以不产生严重伤害为标准），然后再赶回定位栏中饲养，观察发情与配种，每10 天为一个周期，如此反复多次，一般总配种率在 85%以上。

②断奶母猪：促进断奶母猪发情的关键是要母猪尽快忘记“哺乳”状态，进入发情状态。断奶母猪合群饲养 2～3 天，从第四天开始将母猪转入定位栏中饲养，观察发情和配种，7～10 天，尚未发情母猪再次转入运动场或大栏中饲养 2～3 天，然后再转入定位栏中，如此多次重复，配种率可达 85%以上。对屡配不孕的母猪或发情时间特别长的母猪，可以在第一次配种后注射一支促排卵 3 号（LHRH-A3），然后再输精一次。

③已经配种的母猪，严禁合群饲养，以免因母猪之间的互相打斗或爬跨而造成受精卵不能着床，或早期流产，母猪在配种后应立即转入定位栏中饲养，母猪怀孕30 天内不要做任何疫苗免疫，杜绝喂霉变饲养。

④对于采取以上方法后仍不发情的母猪，可以采取药物诱导发情的方法。诱导发情激素：促卵泡激素（FSA）10～25 毫克一次肌内注射；孕马血清：200～800 单位，一次肌内注射；人绒毛膜促性腺激素：500～1 000 单位，一次肌内注射；前列腺素：3～8 毫克，一次肌内注射；氯前列醇：175 微克，一次肌内注射。

158. 怎样才能防止母猪化胎？

在养猪生产中，常常遇到母猪产仔率低的现象，除受精率低外，受精卵在发育过程中造成胚胎早期死亡，并被母猪吸收（俗称化胎）也是重要原因。

解决方法

①饲养管理：加强空怀母猪的饲养管理，在配种前3～14天增加蛋白质饲料和能量饲料，同时添加矿物质和维生素，使其较快地进入配种最佳状态；对膘情较差的空怀母猪，可采用优饲的饲养方法，即在配种前较长的一段时间内加强营养，使它尽可能地恢复膘情、体力，以利于配种、受胎、保胎，提高产仔率。

②适时配种：母猪的配种时间在发情开始后的第22～24小时最好，从发情征候上看，母猪由极端兴奋转为较安静，阴道流出白丝状黏液，手压母猪背腰母猪呆立不动时，配种最好，这样胚胎的死亡率低，产仔率高。

③调节内分泌：在配种后7天，每头母猪肌内注射孕酮30毫克，可有效减少胚胎死亡，防止母猪化胎。

④提高饲料品质：怀孕期间的母猪，饲料品质要好，严禁用霉变、污染、冰冻饲料喂母猪，否则易发生食物或农药中毒，轻者会造成胚胎中毒死亡，重者影响母猪的生命安全。

⑤控制好环境温度：母猪在怀孕的第一周，环境温度短时间内（24小时）高达32～35℃时，胚胎死亡率增加；同样，如用受热的公猪配种也能造成胚胎死亡，因此最好把环境温度控制在15～25℃。除此之外，还要及时防治一系列生殖系统疾病。

159. 如何治疗母猪持久黄体？

母猪在分娩后或发情后，卵巢上有长期不消退的黄体称为持久黄体。黄体密布于卵巢表面，且直径都在2～4厘米，称黄体囊肿。

（1）临床症状　母猪患持久黄体时体质无明显变化，多数由慢性子宫炎引起。由于子宫内膜损伤不能合成和释放前列腺素$F_{2\alpha}$，或由于母猪发热，使用阿司匹林等解热镇痛药，抑制了前列腺素$F_{2\alpha}$的合成，母猪卵巢上的黄体长期存在，或进一步发育成为黄体囊肿。一般情况下持久黄体和正常黄体体积相似，直径在1.2～1.3厘米。母猪产后由于维生素和矿物质、微量元素不平衡，维生素 A、维生素 D、维生素 E 不足，碘和锌缺乏，使体内酶活性降低，导致黄体不能消溶。

（2）诊断 持久黄体的诊断，通过采血测定外周血浆孕酮水平，立即就可确诊。凡血浆孕酮浓度始终在每毫升含 6 纳克以上，而未妊娠即可判断患持久黄体；发生黄体囊肿，血浆孕酮水平可达每毫升含 40 纳克。

（3）治疗方案 持久黄体首先要消除病因，患子宫炎母猪需先对子宫炎治疗，营养缺乏要肌内注射大剂量维生素 A、维生素 D、维生素 E 和硒制剂，经过 2～3 次注射后，补充锌制剂。然后用 PG600 肌内注射，先促进体内 FSH 和 LH 的水平，纠正雌激素分泌的不平衡。注射 PC600 后第 3 天或同时注射氯前列烯醇 200～400 微克，一般在注射后 48 小时内黄体消溶，有 90%以上母猪在注射后 2～4 天卵泡迅速发育，出现发情、排卵，此时人工授精有 85%左右母猪可以妊娠。若在 $PGF_{2\alpha}$处理不用 PG600 处理，只有 40%～60%母猪黄体消溶，配种妊娠率不超过 30%。氯前列烯醇对持久黄体和黄体囊肿有特效，但仍需要 PMSG 和 HCG 配合治疗。使用 FSH 加 LH 也可，但由于注射 FSH 和 LH 需多次注射，并且药费较高，所以一般单位均喜欢使用 PMSG 配合氯前列烯醇。此外，有人用 PG600 加催产素治疗也有一定效果。据说由催产素诱发子宫合成分泌 $PGF_{2\alpha}$ 消溶黄体。用中药治疗，大承气汤处方如下：三棱 50 克，莪术 50 克，香附 50 克，藿香 50 克，青皮 40 克，甘草 40 克，制成细末混饲料饲喂，或用水熬汁，用胃管分 2～3 次灌服。

160. 夏季母猪受胎率低的原因有哪些？如何治疗？

（1）原因

①夏季气温高，母猪散热困难，采食量减少，母猪繁殖所需的营养物质摄入量不足，出现不规律的发情和排卵，影响配种和受孕，出现死胎和弱胎。公猪精液的活力受环境温度影响很大，环境温度越高，精液活力越低。夏季猪舍温度多在 38～40℃，甚至更高。公猪

性欲下降，精液稀薄，死精弱精增多，活力明显下降，是夏季母猪受胎率低的最直接原因。

②高温季节饲料中维生素稳定性差，特别是脂溶性维生素 A、维生素 E 在环境温度超过 30℃失效更快，而这些维生素是维持正常繁殖活动最基本最有效的维生素，由于失效而导致饲料中维生素缺乏或不足，是导致受胎率低、胚胎发育异常的基本原因之一。

③青绿饲料缺乏或不足，不仅不能补充维生素的不足，还会造成公母猪便秘，影响采食量和正常的繁殖活动。

④霉菌毒素的危害：夏季是霉菌和霉菌毒素活跃的季节，多种霉菌毒素均能引起母猪出现繁殖障碍，造成母猪不发情、受胎率降低、产仔数、泌乳性能下降，夏秋季节，公、母猪饲料中必须添加霉菌毒素处理剂，减轻霉菌毒素对母猪生产性能的影响。

⑤运动不足：现阶段多数规模化养猪场种猪的运动量都不够充分，特别是使用限位栏（定位栏）的猪场，运动更少，母猪出现后肢乏力影响配种；公猪运动过少，精液活力下降，直接影响受胎率。这也是农村散养的公母猪无论什么季节受胎率都高的原因所在。

⑥疾病原因，非典型猪瘟、细小病毒病、伪狂犬病、乙型脑炎、猪繁殖呼吸障碍综合征（又称蓝耳病）、子宫感染、猪附红细胞体病、弓形虫病、猪布鲁氏菌病等，都影响母猪的繁殖性能。

⑦公猪的使用，夏季高温，公猪热应激明显，有的猪场在白天配种，对公猪损伤较大，久而久之，公猪性机能下降，加之疾病的流行，导致部分公猪短期内不能使用，从而加大其他公猪的使用频率，公猪使用过频，精液品质必然下降，受胎率也受到影响。

（2）防治措施

①夏季适当补充青绿饲料。每头母猪每天供给青饲料 2～3 千克，以补充维生素的不足。

②调整日粮配方，保证适宜营养水平。适宜的营养水平是提高种猪健康水平和繁殖性能的决定性因素。无论是营养水平过高或过低，均会导致种猪健康恶化和繁殖机能减退。因此，每当进入夏季高温时期，生产者就要调整日粮配方，提高日粮中能量和蛋白质水平，保证种猪用于正常繁殖的营养水平。

③供足饮水，搞好防暑降温工作。水对猪体温调节起着重要作用。高温环境中，猪主要依靠水分蒸发来散失体热，饮水不足或水温过高会使猪的耐热性下降。保证充足的清洁凉水有利于猪体降温并能刺激采食，提高采食量。种猪在夏季应有通风降温或喷淋降温设备，在饲料中添加0.4%～0.6%的小苏打也能起到防暑降温效果。

④合理利用种猪。一是控制配种频率，种公猪在夏季每周配种不超过5次；二是调整配种时间，将传统的夏季早晚配种调整为深夜配种（晚上12时）。

⑤做好种猪保健工作。对种猪除做好常规的免疫外，在每年还应做好乙脑等疫苗注射。每月使用1次亚硒酸钠维生素E注射液，能提高公猪精液活力和配种能力。

⑥加强种猪的运动。早晚分别对种公猪进行驱赶运动，每次1小时左右。控制好母猪膘情，及时淘汰有繁殖缺陷的种猪和老龄种猪。

161. 为什么夏天高温时公猪容易出现死精？

（1）原因 种公猪最适宜的环境温度是18～20℃。公猪个体大，皮下脂肪较厚，加之汗腺不发达，高温对其影响特别严重，轻则食欲和性欲降低，重则精液品质下降，出现死精和无精的现象，甚至会中暑死亡。

①当环境温度高于33℃时，公猪深部体温超过40℃（正常体温为39℃）时，就会导致睾丸温度升高，公畜的睾丸是最经不起高温的，这可以从动物的生理学角度去分析，公畜的睾丸大都是游离于身体之外的，阴囊会随着环境温度的高低而收紧或放松，以此来调节睾丸的温度，以达到公畜生精和精子存储的温度要求。

②温度过高，在附睾中发育的精子就会受到伤害，精子活力降低，畸形精子数增加，活精子数明显减少。

③高温还会影响种公猪性兴奋和性欲，造成配种障碍或不配种。

（2）防治措施 夏季炎热时要每天冲洗公猪，必要时要采用纵向通风、喷淋降温、地面洒水和遮阳等措施，降低猪舍和猪体表的温度。

参 考 文 献

A. D. 莱曼 . 1990. 猪病学 [M] . 刘文军，张仲秋，等，译 . 第 6 版 . 北京：中国农业大学出版社 .
蔡宝祥 . 2001. 家畜传染病学 [M] . 第 4 版 . 北京：中国农业出版社 .
操继跃，卢笑丛 . 2005. 兽医药物动力学 [M] . 北京：中国农业出版社 .
曹国文，付利芝 . 2007. 新猪病诊断与防治 [M] . 北京：中国农业出版社 .
费恩阁，李德昌，丁壮 . 2004. 动物疫病学 [M] . 北京：中国农业出版社 .
弗雷萨 . 1997. 默克兽医手册 [M] . 第 7 版 . 北京：中国农业大学出版社 .
甘孟侯，杨汉春 . 2005. 中国猪病学 [M] . 北京：中国农业出版社 .
葛兆宏 . 2005. 猪场兽医 [M] . 北京：中国农业出版社 .
计伦 . 1998. 猪病诊治与验方集萃 [M] . 北京：中国农业科技出版社 .
李铁栓 . 2001. 兽医学 [M] . 北京：中国农业科技出版社 .
[美] 斯特劳 (Barbara E. Straw) . 2008. 猪病学 [M] . 赵德明，张仲秋，沈建忠，主译 . 第 9 版 . 北京：中国农业大学出版社 .
[美] B. E. 斯特劳，[加] 阿莱尔 . 2000. 猪病学[M] . 赵德明，张仲秋，译 . 第 8 版 . 北京：中国农业大学出版社 .
卢国光 . 1988. 实用兽医经验汇编 [M] . 长春：吉林科学科技出版社 .
潘耀谦，张春杰，刘思当 . 2004. 动物疾病诊断彩色图谱 [M] . 北京：中国农业出版社 .
佘锐萍 . 1998. 养猪场兽医手册 [M] . 北京：中国农业出版社 .
吴清明 . 2002. 兽医传染病学 [M] . 北京：中国农业大学出版社 .
宣长和，任凤兰，孙福先 . 1997. 猪病学 [M] . 北京：中国农业科学出版社 .
宣长和，王亚军，邵世义 . 2005. 猪病诊断彩色图谱与防治 [M] . 北京：中国农业科技出版社 .
殷震，刘景华 . 1997. 动物病毒学 [M] . 北京：科学出版社 .
于匆 . 1999. 最新实用兽医手册 [M] . 北京：中国农业科技出版社 .
于大海，崔砚林 . 1997. 中国进出境动物检疫规范 [M] . 北京：中国农业出版社．

张道永．2005. 兽医手册［M］．成都：四川科学技术出版社．

张泉鑫．2000. 猪病中西医综合防治大全［M］．北京：中国农业出版社．

郑明球，蔡宝祥．2002. 动物传染病诊治彩色图谱［M］．北京：中国农业出版社．